月曜日

生物 常識
知多少!

朱子喬◎編著

Chapter 1
動物常識篇

Chapter 2
人體常識篇

CHAPTER

1

動物常識篇

猿啼蘊藏的祕密

「朝辭白帝彩雲間，千里江陵一日還。兩岸猿聲啼不住，輕舟已過萬重山。」這是一首描寫長江三峽風光的詩。

相傳，唐代詩人李白在被流放期間，行至夔州白帝城時，忽然遇赦得釋。李白喜悅萬分，立即乘船東下，順水行舟，一瀉千里。面對兩岸美麗的風光，又聽到猿啼不絕，詩人詩興大發，揮筆寫成上面這首《早發白帝城》。

這首詩情景交融，膾炙人口。但是，為什麼「兩岸猿聲啼不住」呢？大概詩人作詩時也未必知道其中的奧祕吧？後來英國科學家波爾·傑丁透過到熱帶

叢林實地考察並用儀器測量，終於揭開了猿啼的祕密。

　　每天清晨，當第一道陽光照射到樹梢上的時候，長臂猿的啼鳴聲劃破了森林的寂靜。雄猿首先領唱，幾分鐘以後，雌猿也加入伴唱，形成黎明前的大合唱，直到太陽升起時才結束。吃過早餐以後，又開始了早晨大合唱。

　　另外，波爾‧傑丁還發現，猿啼還與猿的「一夫一妻」制的「家庭生活」有關。一般猿每隔兩、三年產子猿，子猿長到七、八歲時，才開始離開父母獨立生活。已經成熟的雄猿為了求偶就要不停的發出求偶的啼鳴，直到鄰近的雌猿聞聲進入牠的地盤與其結成夫妻、建立家庭為止。

　　但是，這個家庭有個規矩：產了子猿後，未成熟的小雄猿在家中是不許單獨啼鳴的，以免招來異性。當然，「父母」不在家時，小雄猿也會偷偷啼鳴的。

　　建立家庭後的母猿，仍會不斷地啼鳴，一個原因

是，為了保衛家庭的地盤和維護一夫一妻制而不許別人侵犯；另一個原因是，向離家的子猿發出訊號。

英國「動物聲學專家」切尼博士曾做了個實驗，他在天然動物園中分別給子猿和母猿播放母子啼鳴的錄音，子猿、母猿傾聽後，隨之啼鳴相覓，如果彼此尋覓不到，啼聲則愈來愈哀淒。

中國古代漁者也歌曰：「猿鳴三聲淚沾裳！」為了反證這一發現，切尼博士又給子、母猿播放金絲猴的啼鳴錄音，結果反應木然；放鴿子聲的錄音，猿即帶子猿來看鴿子飛翔；放錦蛇的聲音，母猿聽了就發出警告的叫聲，而子猿聽到母猿的警告聲便匆忙逃避。

為什麼「殺雞」
能夠「儆猴」

　　「殺雞儆猴」，是人們在捉猴和馴猴時常用的一種簡便巧妙的方法。

　　據報載，中國廣西百色地區的一些逮猴人，每當深秋初冬時節，常在猴群出沒的地方，搭起安有彈簧機關的房屋，屋內擺有引誘的食物，待猴子陸續進入室內吃食時，將彈簧房門突然關閉隨後，躲在一旁的捕猴者來到裝有鐵絲網的門前，左手提著一隻雞，右手拿一把亮晃晃的利刀，對著猴子，將雞一宰。只聽得幾聲雞叫，便鮮血淋淋，嗚呼哀哉。這時，猴子嚇得目瞪口呆，人們就提著帶血的死雞打開房門，將乖

乖的猴子一一裝入口袋或鐵絲籠中。

同樣，雜技團的馴猴，方法也差不多。先以食物引誘，被馴服者，給以獎賞，違抗者，則以懲罰。再不行，就用「殺雞嚇猴」的辦法。

例如，訓練猴子穿衣戴帽，牠如果幾次不願穿戴，馴猴人就拿來一隻雞在猴子面前當場宰殺；甚至砍去雞頭。猴子一看，鮮血四濺，雞頭落地，便會乖乖的把衣服穿上，帽子戴好，還用前肢緊緊抓住帽子不放，唯恐帽子掉下，會遭到像那隻雞一樣的命運。

為什麼「殺雞」能夠「儆猴」呢？

我們知道，猴子是高等動物，其神經系統比一般的哺乳動物要發達得多，並有面積比較大的大腦皮層。人們殺雞時，那血淋淋雞死的場面，猴子看得清清楚楚，很快就透過視覺神經傳達到大腦皮層，留下深刻的印象，隨即大腦對這種外來刺激迅速地建立起各種神經聯繫，進行綜合、分析，作出判斷，並採取相應措施，如逃跑、對抗、順從……由於猴子已在人

們的控制之下，牠只好百依百順，聽從主人的指令，以免除殺身之禍。所以，猴子被「嚇」得服服貼貼了。

　　這是人們既利用猴子發達的高級神經系統的功能，又利用了牠的低智力，才達到了「殺雞儆猴」的目的。

同類動物
爭鬥的天賦本領

在動物界，同類相鬥的現象是十分普遍的。從食肉動物到食草動物，從魚類到高等動物，幾乎都有這種現象。那麼，動物的同類相鬥，究竟是天賦的，還是由於某些需要後天造成的？同類相鬥按什麼方式展開，又得到什麼結果呢？

過去，有人從實驗室的實驗結果出發，認為動物的同類相鬥是後天學來的，它不是一種天賦的本領。例如，有些人對鼠類進行實驗後說，鼠類的同類攻擊，是由於牠們小時候被同類擠壓，感到疼痛，因而才有同類相鬥的現象。他們還認為，只要將環境改變一下，

這種同類相鬥的現象是可以控制的。

但是，以上這種推測，經過後人的多次野外觀察和室內實驗，發現同類相鬥完全是動物的一種天賦本領。

有人把剛出生 17 天的老鼠，一個一個的互相隔絕飼養。當牠長到五、六個月的時候，把其中的兩隻關在同一個籠子裡。

開始時，原來在籠子裡的老鼠向新來的老鼠走去，嗅牠身上的氣味，還作出友好的表示。但是不久，這隻老鼠就顯出相鬥的姿態：拱背、咬牙、挺腹、尖叫，接著便互相推擠、踢打，並用後腿站立，一起摔倒在地。

有人還發現，養在一起的一群老鼠，儘管小時受過互相擠壓的疼痛，長大後並不互相攻擊，互相嚙咬更為罕見。但是，如果一旦把一隻外面的老鼠放進去，那麼這隻老鼠就會受到猛烈的攻擊。

對神經中樞和內分泌的研究，證明了同類相鬥確

是一種固有的生理現象。有些人用電流刺激鳥類和哺乳動物的大腦特殊區，也會引起同類相鬥的行為。所以同類相鬥乃是一種適應力，同類動物憑借它互相間隔開來，從而使適應力最強的個體，得以優先繁衍。

為何動物不會你死我活的殊死拚搏

　　經過人們長期的觀察，發現了一個有趣的事實：動物的同類相鬥，幾乎從來不以一方死亡而告終，而且任何一方很少有受重傷的。事實上這種爭鬥，在很大程度上只不過是一種競爭，而不是殊死的鬥爭。

　　狼和狗當中，這種行為是很明顯的。爭鬥開始時，牠們往往互相嚙咬，一旦一方敗北，便會將易攻擊的頭部（如果是一隻小狗便會仰臥在地，暴露出腹部），暴露在對方面前，於是對方的攻擊也隨即停止。

　　響尾蛇只要互相咬上一口，就可置對方於死地。但從觀察中發現，牠們是從不相咬的。牠們爭鬥時雙

方將頭高昂，抬起身子，並排滑行。然後用頭部互相推擠，企圖將對方推開，往往雙方都摔倒在地。最後得勝的一條則用身子壓住對方，過不久就把失敗的蛇放走，於是爭鬥便告結束。

哺乳動物也有這種情況。鹿爭鬥時，頭部高昂，互相注視，互相並排前進。突然間停止，低頭，用角相撞，互相攻擊。不久又並排行進，重複以上過程。格鬥與行進交替出現，直到一方獲得勝利。值得注意的是，牠們並不把自己的角當做利劍使用，而是嚴守「競爭規則」的，例如有人發現，兩頭鹿在爭鬥時，其中一頭偶然把臀部暴露在對手面前，這時對手卻靜等牠轉過身子後，再進行攻擊。

非洲荒野上大羚羊相鬥的情況也是如此。所以同類相鬥並不是一種你死我活的鬥爭，而是一種競爭。如果經常發生失敗者被殺死，或因受傷而喪失生存能力的情況，那就不會符合進化的法則了。

動物爭鬥的程式

　　每一種動物在進化過程中，都發展出一套爭鬥的程式，在爭鬥中嚴格遵守這種程式，幾乎從不違反。

　　爭鬥開始時，往往是顯示力量。雙方擺出架勢，步步逼近，間或大聲吼叫，虛張聲勢，企圖壓倒對方。然後就是開戰。各種動物都有自己的開戰方式，但往往又都大同小異。如用角撞、用喙啄、用嘴咬、用身體擠等。最後以一方失敗，不同的動物作出不同的求饒表示而告終。

　　在加拉帕戈斯群島熔岩峭壁上生活的海鬣蜥，也有這種三部曲。

　　海鬣蜥是一種大型的蜥蜴，在繁殖季節，往往是

　　一條雄海鬣蜥和幾條雌海鬣蜥住在一小塊礁石上。這時如果有另一條雄海鬣蜥闖入，一場爭鬥便會開始。

　　首先，他們彼此顯示力量：領主會張嘴、點頭、腿挺直，將脅腹朝著對手，背部脊突勃起，整個體積增大。如果入侵者也不示弱，也以同樣方式顯示自己的力量，於是爭鬥的第二階段便開始。開戰的領主先低下頭，用頭向入侵者撞擊。入侵者也用頭部去迎擊。每一方都竭力要把對方往後推，互不相讓。

　　一個回合後，就暫行停止，雙方往後退，以便積蓄力量，然後彼此點點頭，打個招呼後便又重新開戰。一直到其中有一條蜷縮起來，表示投降，勝利者停止攻擊時，這場爭鬥便告結束。

動物爭鬥是生存的需要嗎

動物的同類爭鬥是司空見慣的。這種爭鬥的作用是把動物的個體或群體隔離開來，以使每個動物擁有生存所必需的起碼範圍，不至於過分擁擠，影響其自身的生存。

另外，這種爭鬥也會因求偶爾引起，優勝者以此保住自己的配偶，進而使健壯的個體得以繁衍。

在不表明進行儀式性爭鬥的情況下，同類動物傷害性的爭鬥也會發生。如果把一條海鬣蜥突然放在已有同類佔據的領地上（這個領地上有牠的配偶），或者當爭鬥失敗在促猝逃跑中，誤進入同類的領地時，

那麼強壯的領主便會死咬住入侵者不放。另外，雌海鬣蜥也會因保護自己的產卵地而死死咬住入侵者。這樣，傷害性的爭鬥也會發生。

在危及自己的勢力範圍時，在影響到自己的食物時，在自己的配偶有被搶佔去的情況下，竭盡全力的爭鬥也會發生。每遇這種情況，雙方就不再遵循不傷害對方的規則，也沒有什麼宣戰儀式了，同類爭鬥也就會發展到殊死的鬥爭。

神奇而有趣的蜘蛛網

　　在希臘神話裡，蜘蛛是一位紡織巧匠的化身。的確，蜘蛛稱得上是第一流的紡織家，一個蛛網織成，就是數學家也難以挑出什麼毛病。

　　蜘蛛靠牠的網而立世。蜘蛛網的黏滯性相當強，小昆蟲一旦觸及，就是有翅也難逃的。蜘蛛網黏不住蜘蛛自己，這是因為蜘蛛身上有一層潤滑劑。蜘蛛網圓心的那一小塊地方是蜘蛛休息室，不具黏性，框架及半徑線也不黏。

　　蜘蛛一般有 6 個紡織器，位於肛門附近。每個紡織器都有一個圓錐形的突起，上面有許多開口及導管與絲腺相連。絲腺能產生多種不同的絲線。如果放在

顯微鏡下觀察，你會看到那紡織器猶如人們靈巧的手指，牠們拉絲、梳理、搓絲為線，如同流水一般。

　　蛛絲是多種腺體的共同產物，它是由許多根不同的、更細的絲混合紡成的。絲線是一種骨蛋白，在體內為液體，排出體外遇到空氣立即便硬化為絲。最細的蜘蛛絲直徑只有百萬分之一英吋。在人們的心目中，都以為蜘蛛絲是不堪一擊的，其實不然。和蜘蛛絲同樣粗細的鋼絲是沒有蛛絲結實的，水下有些蜘蛛網可以網住小魚。

　　世界上大約有 4 萬種蜘蛛，除南極洲外，各地都有分佈。蜘蛛網大小不等，形狀各異，辦一個蛛網展覽會是不愁沒有內容的。圓網蛛的網很大，形同車輪；樹林間棚蛛的網如棚；球腹蛛的網似籠；水蜘蛛的網像鐘；草蜘蛛的網則不啻是一架吊床。有的蜘蛛還能織成套索狀的網，它在空中嗖嗖抖動。有的蜘蛛能織出一片密網，安裝在草稈上，它在微風中展開，像船上的風帆。南美洲有一種蜘蛛，牠的網很小，只有郵

票那麼大。這種蜘蛛沒有守候的耐性，總是用前面的
4 條腿扯著網，見有合適的過客，隨時將網蒙過去。

　　很多蜘蛛織網都選在破曉前進行，因為這時溫度
最低。蛛絲含有膠狀物，很容易吸收水分而失掉黏性，
如果空氣潮濕，野外的蜘蛛就會敏感地覺出而停止織
網。

　　1794 年深秋，拿破崙進軍荷蘭。在緊急關頭，荷
蘭人抽開了水閘，用洪水阻擋法軍。拿破崙被迫撤軍，
在後撤途中，有人發現許多蜘蛛在忙著結網，這預示
著乾冷天氣就要到來。拿破崙當機立斷，下令就地待
命。果然，天生寒潮，江河封凍。拿破崙軍踏冰進擊，
荷軍大敗。

　　蜘蛛織網時是專心致志的，即便是外面鬧翻了
天，牠仍然有條不紊地在織自己的網。編一個網一般
只要 25 分鐘，如果受風力、環境等影響，則可能要
多花一、兩倍的時間。網織成以後，有些老謀深算的
蜘蛛還會在網下另加一條保險帶。

　　與其他生物一樣，蜘蛛也必須經歷一連串漫長的進化過程。最早的蜘蛛，僅會扯一條獨絲，像曬衣繩那樣單調。

　　雖然大多數蜘蛛有 4 對眼睛，但視力都很差；只有那些不以張網取食的蜘蛛，才能看得比較遠些，但也不過 30 公分。

　　正因為這樣，所以蜘蛛在爬行時，尾後都拖有一條乾絲，這是用來保持同後路聯繫的，生物學家稱它為「導索」。

　　蜘蛛絲也是蜘蛛的生命線，當牠突然受震從空中跌落時，那線便將牠吊住。蜘蛛絲也有擴散運行的作用，小蜘蛛們可以放出長長的絲來，讓風兒把牠們吹送到很遠的地方去。

　　美國科學家最近指出，蜘蛛網也是一種符號語言，這種密碼在生物語言中或許是最為神奇的。透過這張網，蜘蛛與鄰居聊天，與配偶談情說愛，以及規勸獵物就範。

　　蜘蛛是一種神奇的生物，牠的網是一種美妙的藝術結晶。隨著科學的發展，蜘蛛學現在已經成了一門學問，許多人都在企望著能透過那層晶瑩的蜘蛛絲而看到一些新的自然奧妙。

狼性究竟是善還是惡

　　在人類的心目中，狼被看成是一種貪婪、凶殘、陰險、狡猾的惡獸，一提起狼，就會自然而然地想到童話裡的「小紅帽」和寓言《東郭先生》中的惡狼。

　　那麼，狼真的那樣可惡嗎？前蘇聯學者奧烈柯夫教授，根據以往有關狼害的歷史資料，經過多方面的核對，在他的著作中斷言：「……在一般情況下，狼是不會輕易襲擊人類的。」

　　有位名叫莫忽多的學者，為了探索狼性，不顧個人安危，親自闖進狼窟裡去「以身試狼」。說來也怪，當莫忽多進入狼窩以後，那些狼嚇得嗚嗚哀鳴。緊縮身子，任憑繩捆索綁，真是不可思議的怪事。

　　不過，1968 年 1 月 14 日，在安加拉西北的一個村莊，遭到了狼群的襲擊，兩個村民當場死於狼口，這是千真萬確，有據可查的事實。專家們對這一罕見的事例，作了分析研究，最後斷定：這次狼群大舉襲擊人類村莊的事件，主要是牠們找不到可供生存的食物，迫不得已，才鋌而走險，來到人類集居的村莊偷捕家禽、家畜充飢。

　　那麼，狼性究竟是善還是惡？長期來，誰也說不出個所以然。

　　生物學家勞倫斯和他的助手查理，可算是探索狼性的有心人了。他們帶著攝影機，經常出沒在崇山峻嶺、平原曠野、森林草原和湖沼水澤之間，到處搜尋狼的蹤跡，把狼群的生活情景，一一拍攝入鏡，以便深入進行狼性分析和研究。他們在西伯利亞，拍攝了狼和虎搏鬥的鏡頭；在非洲，拍攝到了狼群與八頭人猿浴血鏖戰的鏡頭……在無數狼性記錄中，發現狼的凶狠勇猛，竟使貪婪的鬣狗，對牠「退避三舍」，不

敢公開照面。

即使是一頭離群孤獨的單身狼，面對追捕牠的獵犬，也敢進行生死搏鬥而毫無懼色。他們在澳大利亞看到了熊吃狼的慘景，在芬蘭境內，也看到了狼群咬死黑熊分而食之的情景。據說，狼和熊是冤家死對頭，往往有狼群出沒的地方，熊是很少露面的，而在熊跡頻繁的地區，狼是很難有容身之地的。

狼性不僅勇猛剽悍，並且機靈多智，牠們能靠集群合作，戰勝一切強敵。但是，牠們對待人類，並不像對待其他動物那樣橫暴。人們多次在印度和其他地方，發現由狼餵養長大的小孩——狼孩。狼為什麼要餵養人類的幼兒呢？有的科學家認為，這是因為母狼的幼崽不幸夭亡，為了減輕乳房脹痛，所以把人類的幼兒叼來餵養，吮吸乳汁，減少痛苦。然而，母狼為什麼不叼其他動物的幼崽來餵養，偏偏愛叼人類的幼兒呢？根據一些動物園的飼養員反映，養熟後的狼，往往和狗一樣富於感情，這是其他猛獸遠遠不及的。

　　狼和人類，到底是朋友還是敵人？將來，狼性的奧祕一旦揭開，狼是否會和狗一樣，成為人類的忠實夥伴呢？這個謎，尚須科學家作進一步的探索。

031

為什麼稱豬為「六畜之首」

　　報刊上曾刊登這樣一幅頗有風趣的漫畫：一頭肥大的豬，兩隻前蹄合捧著一個「寶」字，歡天喜地，馬、牛、羊和雞、犬興高采烈地跟在後面。漫畫的左上方還寫著四個字：「六畜之首」。這幅風趣的漫畫藝術的表現了目前人們對豬的看法和豬的地位。但是，豬的地位從前卻不是名列前茅的。

　　《左傳・僖公十九年》記載：「古者六畜不相為用。」六畜者，馬、牛、羊、雞、犬、豕也，豬在六畜之末。《漢書》中有「民有五畜」之說，這五畜者，牛、羊、豕和雞、犬也。從古到今，豬的地位不斷變

化。現在，「豬為六畜之首」不僅在漫畫裡，在很多著作中也可以見到。

人們不禁發問，六畜之眾，何獨豬得以遷升呢？這真是「步步高陞」啊！

追溯遠古時代，伴隨著原始農業的興起，人類從遊牧生活轉向定居生活，使馴化野生動物有了可能，但是，人們從自然界獵獲野生動物的機會相對減少了，要解決肉食來源，家養牲畜就有了必要。豬飼養方便，比其他五畜繁殖都快，產肉率也高，豬糞肥效又高，當然受到重視。眾所皆知，中國漢字的一個最大特點是會意象形。「家」字是由「儀」和「豕」兩部分組成的。為什麼會是這樣的呢？據有關古籍說：「凡為家，皆養豬，未養豬者，焉能稱其為家也。」由此可見，豬在中國古代家養牲畜中的重要地位。儘管如此，但從另一方面來看，由於中國從原始社會一直到封建社會末期，生產能力和運輸能力都很低下，牛可以拉犁拖耙，馬可以騎射馱運，人們仍然列馬、

牛於豬之先，這是理所當然的。到了近代，隨著農業機械化程度的不斷提高和運輸狀況的根本改變，牛、馬的作用日趨降低，這才使得豬登上六畜之首的寶座有了可能。如果我們仍停留在刀耕火種的原始時代，或牛耕馬馱的封建王國，豬也許在牛、馬面前永遠難得逾越一步。

另外，更主要的原因是豬本身具有很高的價值。牠能為人類提供多方面的物質基礎，能為社會累積較多的財富。

豬是主要肉源之一。但豬的用途遠遠不止於此。中國 2000 多年前的《黃帝內經》記載說，「豬脂」可作藥物治病。在此後歷代許多醫藥專著中，如《傷寒論》、《千金方》、《本草綱目》、《名醫類案》等，都有類似的記載。豬的內臟在醫藥中用途更廣。李時珍曾提出「以臟補臟，以臟治臟」的理論，至今在臨床上有很大的參考價值。

現代科學的進一步發展，使得豬的用途更為廣泛

了。近幾年，醫學科研人員用小豬睪丸製成注射液或錠劑，治療發育遲緩；從豬腦中提取卵磷脂製成腦磷藥片，治療神經衰弱；從豬眼中提取多種氨基酸製成眼寧注射液，能促進眼球的新陳代謝，使角膜上皮組織消炎及再生。對豬心、豬肝、豬胃的醫用研究也成果倍出；豬鬃、豬毛、豬骨是輕工業的主要原料，豬皮、腸衣還是上等的出口貨。

　　古往今來，渾身是寶的豬，為人類提供了多少食物醫藥，為社會累積了多少財富啊！人們常常讚美牛的精神，馬的奔力，今天，我們也應該同時讚美豬的貢獻。

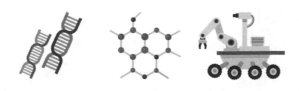

撒哈拉沙漠中的生命

　　看來是一切生物都無法生活的沙漠，實際上卻生存著許許多多的動物。

　　撒哈拉是非洲的大沙漠，也是聞名於世的大沙漠之一。在那 10 萬平方公里面積的浩瀚沙漠海洋上，綠洲是唯一有利於少數植物生長的地方，也只有在這裡，人類才能生活。

　　那麼動物呢？牠們生活在哪裡呢？可以毫不誇張的說，牠們生活在整個沙漠之中。據統計，大約有 60 種哺乳動物、90 種鳥類、30 多種爬行類和相當多的無脊椎動物種佔領著撒哈拉沙漠。

　　所有這些動物都必須與終年的酷熱、缺水和無陰

蔽作頑強的搏鬥。地面上的氣溫可高達 70°C，而久旱不雨有時會長達 5 年之久！通常，一年也只有 20 毫米的降雨量！

但說來也怪，就是靠這麼一丁點雨水，當這「生命的甘露」降臨之後，地面上很快就會覆蓋上一層綠色的植物。這些植物的生長期極短，有的甚至只有一個星期。

有這樣一種植物，在盛夏季節裡還能生機盎然的生長著，原因是葉子都脫落了，只保留著帶刺的枝條和長長的根鬚。它的光合作用就由綠色的莖皮來完成。

沙漠裡許多動物白天都躲在洞穴裡，只有當夜幕低垂時，牠們才開始繁忙的活動。蠍子、蜥蜴以及駱駝、驢等大型哺乳動物，則能耐高溫和忍受嚴重的脫水。比如巨蜥和蜥蜴能忍受 46°C 的體溫，而這樣的體溫對其他動物來說都是致死的。

這些動物是如何躲避酷熱的呢？

　　沙漠裡的大蜘蛛為了抵擋熱氣，在沙丘中為自己建造一種「保護井」。這種井是直徑約 2.5 公分，長度約 40 公分的垂直圓柱體。造好後，再用一層密織的絲網和一層沙作封口，然後蜘蛛就待在井裡面享受井下的陰涼和等待夜晚的降臨。有趣的是這個洞井同時也有陷阱捕食的作用。

　　蝗蛇是沙丘的常客，也學會了在酷暑中尋找涼快的本領。先用尾巴迅速的左右搖擺，然後全身也左右搖擺，於是很快便消失於沙土之中！但是蝗蛇卻把牠的一隻眼或兩隻眼露在地面上，這就是牠的「潛望鏡」。眼睛由一層透明的鱗片保護著，以免受沙礫的刺激，同時也有推開沙礫的作用。

　　一些無脊椎動物像蠍子、螞蟻等，牠們的外殼上有一層發光的蠟質，能將部分陽光反射掉，以免沙漠酷熱的烤灼。

　　在沙漠裡，幾乎所有的動物都極需要氧氣。牠們張大著嘴，每分鐘呼吸多達 200 多次。當然，這也是

一種有利於蒸發散熱的降溫方法。蜥蜴（其實也不只是蜥蜴）具有「鹽腺」。這些鹽腺使牠能透過鼻孔排除從食用的植物中吸收來的多餘的鹽分。在無植物可食時，這些動物就待在牠們的洞穴的深處，不食不飲，可長達一年。

對某些動物，特別是爬行類和齧齒類動物，睡眠是牠們在嚴寒的冬季和炎熱的夏季節省熱量的好辦法。巨蜥就是這樣在撒哈拉沙漠中生存下來的。整個冬天牠們會「睡」上4個多月。有一種常被人們稱為「沙漠之蛇」的蜥蜴能在沙中游泳。蜥蜴的身體有一層光滑的鱗片，有助於牠們在沙上滑行。從外形上看，牠們沒有明顯的耳朵。遇到敵人，牠就將身體縮成一團，一動也不動的裝死。

一種有角的毒蛇、蝰蛇等，只能忍受42°C的體溫。牠們晝伏夜出，大多只能藏在洞穴深處避熱。因為當沙漠的地面氣溫達到70°C時，處於地下幾公分的地方，溫度就低得多。

在炎熱和乾旱的環境中，爬行類動物的脫水現象並不嚴重。牠們不飲水，僅靠食物中包含的水分即已足夠。

鴕鳥是不能沒有水的。這種動物一天要飲6升左右的水，牠也有鹽腺。通常都是夜間出來活動的鼠類、野兔、野貓和別的一些小哺乳動物，也是沙漠中常見的生物，牠們甚至能飲用鹹水。沙漠中的鼠常食用水分較多的植物，每天所消耗的植物量差不多等於牠自身的重量。而別的齧齒類一般只食用乾的種子。

沙漠中部分動物的皮毛是淡淡的沙土色，這是牠們的天然偽裝。毛皮是一種優質的隔熱材料。單峰駱駝的毛皮有10公分左右的厚度。當其毛皮表面的溫度為70°C時，毛皮下皮膚的溫度只有40°C。

驢和駱駝都是沙漠中的佼佼者，牠們能在烈日下不吃不喝，連續待上6天。當然，6天下來，膘掉得厲害。驢子失去體重的29%，但只要給牠一些水喝，幾分鐘後就立刻又充滿了活力。驢子能在5分鐘內飲

下 27 升的水，這證明牠能很好的適應沙漠的生活條件。

　　駱駝能忍受嚴重的脫水，在體重減輕 30％情況下也能適應。驢能飲用相當於自己體重 70％的水，而一頭在 40°C 高溫下 6 天不喝水的駱駝卻能分次飲下200 升左右的水。

　　生活在撒哈拉沙漠的人顯然也適應了那裡的環境。例如，他們的體溫就比歐洲人高，一般是38°C，汗水中含的鹽分也比較少。撒哈拉居民的特徵是消瘦、乾癟，但精力異常充沛。

　　如果說大自然賦予撒哈拉「居民」無上的能力，以抵抗這塊懷有敵意的地方的一切進攻的話，則我們也必須承認她同樣給予撒哈拉生物多式多樣對付環境的天然武器。這是令人驚歎萬分的！

海洋中的魚類

　　海洋中究竟有多少種魚？對於這個問題，世界各魚類學家的說法不一。其估計數字差異很大，最少的說有1萬5千種，最多的說有4萬種。目前最新也是比較可靠的是美國學者科思的估計，認為全世界現代魚類的種數為1萬9千7百到2萬4千5百種。

　　中國海洋跨越熱帶、亞熱帶和溫帶，大陸架面積廣闊，還有星羅棋布的群島，這為魚蝦類的生長和繁殖提供了優越的自然環境和棲息條件，現知中國海洋魚類約有2000餘種，其中有經濟價值的常見的為230多種。海水含鹽濃度很高，大約每升海水有35克鹽。陸地生活的動物，都不會去喝海水，人如果大量飲用

海水，其後果不堪設想。那麼，海魚和其他海洋生物是如何生存的呢？海魚為什麼不怕鹹呢？

研究顯示：牠們有一種奇妙的蒸餾設備，魚類的蒸餾設備在鰓部，一種特殊的細胞把血液中所含的鹽匯集起來，以高濃度的形式隨同黏液排出體外。生活在海洋上空的海鳥也有這種淡化海水的本領。不過牠們是依靠鼻腺而不是鰓。鼻腺位於眼窩的上沿，排泄管通到鼻腔，經過鼻孔所排泄的分離液以透明的液滴懸在鳥的嘴尖上，海鳥在飛行時不時的甩掉它們。

海洋容納了 13.7 億立方公里的海水，佔地球水圈總量的 97% 以上，但海水的直接利用十分有限，只有把其中的鹽脫除，使鹹水變為淡水，才能應用。仿生學家們研究了海鳥的「淡化設備」後，大膽的提出了人類進行海水淡化的設想，以緩解淡水嚴重缺乏之急。20 世紀 50 年代，一個新興的工業部門——海水淡化，迅速發展起來，目前世界上已有不少國家正在籌建巨大的海水淡化設施。

為什麼說
「魚兒離不開水」

　　「如魚得水」這句成語，準確的表達了魚和水的密切關係，說明魚兒離開了水，便不能生存。

　　如同一切生物都要進行呼吸一樣，魚類的生存也需要氧氣，但牠們一般無法直接利用空氣中的氧氣，而是透過鰓進行呼吸來獲得。魚鰓由鰓弓、鰓耙和鰓絲組成。鰓絲內密佈著無數微血管，管內充滿鮮紅的血液。

　　魚的呼吸是在水中進行的，當魚把水吞進口裡，經過鰓部，鰓絲上的毛細微血管把溶解在水裡的氧氣攝入體內，同時把體內的二氧化碳排入水中，再把廢

水排出體外，就完成呼吸過程。鰓的作用和人的肺一樣。魚兒一旦離開了水，鰓絲就會乾燥黏結，失去進行氣體交換的功能，這就阻止了呼吸的正常進行，魚兒就會由於得不到氧氣而很快窒息、死亡。

　　「魚兒離不開水」，最主要的還是離不開水中的氧氣。可是，也有的魚離開水一段時期，仍然能活著，如鮰魚、肺魚、鯿魚、鰻鱺、泥鰍等。牠們離開水幾小時甚至較長時間還能活著，這是怎麼回事呢？主要是牠們的呼吸器官各有不同。如鮰魚的胃能像肺那樣在空氣中呼吸；非洲和南美洲的肺魚在身體兩側各有一個肺，另外還有鰓，鰻鱺用皮膚呼吸，泥鰍把頭露出水面吸進空氣，然後吞入腸內，進入血液。當然，牠們離水的時間不能很長，否則，也會死亡。

魚鱗中的奧祕

　　多數魚類除了頭和鰭部外，全身都裹著一層魚鱗。這件天然「甲衣」的作用，主要是幫助魚類抵禦水中無處不有的微生物，防止細菌的侵入。

　　此外，魚鱗作為一層外部骨架，保持著魚的外形。魚鱗還有著偽裝作用，當一條捕食魚從下面游近並往上向被捕魚看時，往往會因被捕食魚肚子上閃閃發光的魚鱗的反光和水面上的水光而發生視覺上的混淆。所以，只有淺海魚才有鱗片，而深海魚是沒有鱗片的，因為在深海中陽光無法照射進來。所以鱗片自然退化了，而沒有鱗片的魚，牠身上會有其它結構來代替鱗的功能。

　　魚鱗還可使魚減少與水的摩擦。在搏鬥中，魚鱗也保護著魚的肉體。各種魚都有自己獨特的魚鱗。生物學家們可以從捕食魚胃裡的魚鱗，來判斷牠吞食的是什麼魚。

　　魚鱗也像樹木一樣有年輪。在冬天，由於氣溫和食物的原因，使魚生長得比較慢，這同樣也在魚鱗上留下了一圈痕跡。從這些痕跡的圈數上，我們可以推斷出魚的年齡、生長情況和生死率，這對於保護海洋資源和促進漁業發展是很有幫助的。

食人鯊為什麼
不吃身邊的小魚

　　食人鯊也許是魚類中最兇猛殘暴的了。因為牠皮膚色白，最愛向人發起攻擊，不少沿海地方的居民都稱牠是「白色死神」。

　　食人鯊個頭很大，體長一般為 7 ～ 8 公尺，也有長達 12 公尺的。牠的牙齒很特殊，屬於多出性牙系，假如咬碎堅硬的東西時將牙齒折斷了，會重新長出新牙來，如果再一次折斷，還會再一次長出，一生中可以長出 6 次新牙來。還有，牠的牙齒有好幾排，最多的可以達到 7 排。這些牙齒不僅非常銳利，而且可多達 1.5 萬顆！

　　食人鯊能在海中稱霸，還在於牠有一個功能極佳的肚子。牠不需要每天吃東西，經常是三四天才飽餐一頓。這是由於食人鯊的腹內有一個像胃似的「袋子」，這就是牠的食物貯藏室。

　　如果牠吃飽之後又遇上一隻海豚，也絕不會因為肚子已飽而將海豚放走，牠會毫不猶豫的把這大傢伙吞下肚，貯存在「袋子」裡，當餓了的時候，再把海豚轉移到胃裡。「袋子」裡可貯存三、四十條一斤多重的魚，十幾天甚至一個月都不會壞。

　　食人鯊生性貪婪，當肚子很餓而「袋子」裡又沒有庫存的時候，會在游過的路上把遇到的東西統統吞下。所以，食人鯊的「袋子」就像個雜貨店，裡面什麼都有，玻璃瓶、皮鞋、罐頭盒，等等，應有盡有。

　　這種飢不擇食的習性有時會使牠們送命。曾經有一艘軍艦發出了一枚深水定時炸彈，這枚炸彈剛剛扔下海，突然衝過來一條食人鯊將炸彈吞進肚裡，不一會兒，水下響起了轟隆聲，炸彈在食人鯊肚子裡爆炸

了。

　　在食人鯊的生活中還有一個奇特的現象，當牠在水裡游動時，身邊經常有許多小魚，像是牠的侍從。這是一些身上有條帶狀紋的魚。

　　過去有些科學家認為，這些小魚跟隨食人鯊是為了吃牠剩下的殘渣。但後來發現，這些魚都是自己單獨找東西吃的。原來，小魚們伴隨著食人鯊，既不是充當侍從，也不是等著吃殘渣剩飯，而是藉著主人的威風來躲避其他敵害的襲擊。

　　然而奇怪的是，食人鯊生性貪婪殘暴，但牠對身邊的小魚卻很友好，經常形影相隨，無論牠怎樣飢餓都不去吃這些小魚。食人鯊為什麼不吃身邊的小魚？這是一個仍然未能解開的自然之謎。

海馬的生育是由雄海馬承擔的

　　海馬是中國沿海的一種魚類，可是牠的外形一點也不像魚，倒像一條龍，牠的頭部像馬，故稱海馬。海馬是一種名貴的藥材。有健身補腎，消炎止痛的功效，對治療神經衰弱有顯著效能。

　　海馬不像魚類那樣能伏在海裡自由游動，而是把身子垂直的立在水中，利用背鰭的扇動做直升直降的游動。牠的尾巴細長，由許多環節組成，伸屈自如，可以彈跳，還有捲纏的本領。當海浪洶湧時，它就用尾巴纏附在海藻莖或水草上，以免漂流出海，為了防禦敵害，牠全身長有許多難看的突起物和絲狀體來偽

裝自己，當牠漂浮在海藻叢中時，就像一棵活的水生植物。一般動物都是由雌性擔負生育子女的職能，然而海馬的生育卻是由雄海馬來承擔，在雄海馬尾部前方長有兩條縱向的皺褶，接連在一起形成一個袋狀的育兒囊。每年春夏相交時，雌海馬將卵產到雄海馬的育兒囊裡，就算大功告成了，以後孩子的整個生育過程均由雄海馬代辦了。

雄海馬受卵後，育兒囊就自動閉合，囊內的皮層有很多枝狀血管與胚胎的血管網相連，以維持卵在囊中受精孵化，並供給胚胎發育所需要的營養。隨著胚胎的長大，雄海馬的「肚子」也跟著大起來，待胚胎發育成熟，小海馬在囊內不停的騷動，雄海馬預感要分娩了。這時牠的育兒囊會自動張開，只見牠彎起尾巴，按著肚子，收縮肌肉，把小海馬一尾接一尾的擠出體外。有趣的是當第一尾小海馬拱出育兒囊時，牠會用尾巴鉤住第二尾小海馬的尾部，把第二尾從囊裡拉出來，隨後第二尾又鉤住第三尾，第三尾鉤住第四

尾……好像舞蹈演員手拉手從幕後出場似的。小海馬
離開育兒囊後，便開始獨立生活了，雄海馬此時如卸
下了千斤重擔，疲倦地沉入水底，伸直了尾巴，側臥
著身體，靜靜地躺了下來。牠是該好好休息一下了。

海馬的繁殖力很強，一條海馬一年能產卵10～20次，
一次有數十乃至百隻，現在中國已在南方進行了藥用
海馬的人工試養，並取得了顯著的成績。

　　雄性參加育兒的現象，在動物行為學上叫做「雄
性對後代的投資」。科學家們認為，雄性參加育兒是
有條件的，牠的前提條件是：父親對親子的確認程度，
也就是說是否能確認幼崽是該雄性的後代。對於雄性
來說，確認是我的孩子便參加撫育，否則一毛不拔，
親子的確認程度與動物的婚姻形態有關，在群婚亂交
的群體中，父親對親子確認程度就很低。雄海馬育兒
囊裡的卵就在囊內受精，自然一定是牠自己的後代，
難怪雄海馬對後代如此傾心，承擔了整個生育子女的
重任。

會爬樹的彈塗魚

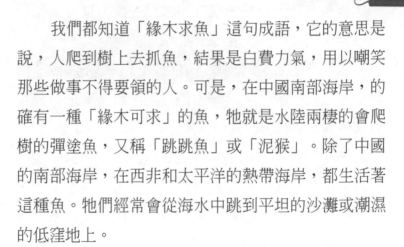

　　我們都知道「緣木求魚」這句成語，它的意思是說，人爬到樹上去抓魚，結果是白費力氣，用以嘲笑那些做事不得要領的人。可是，在中國南部海岸，的確有一種「緣木可求」的魚，牠就是水陸兩棲的會爬樹的彈塗魚，又稱「跳跳魚」或「泥猴」。除了中國的南部海岸，在西非和太平洋的熱帶海岸，都生活著這種魚。牠們經常會從海水中跳到平坦的沙灘或潮濕的低窪地上。

　　為什麼彈塗魚有這種本領呢？因為彈塗魚的胸鰭基部長得長而且粗壯，有點像陸地動物的前肢。牠的胸鰭已不僅僅是游泳武器，而且具有支撐器的作用。

牠依靠臂狀胸鰭的支持、身體的彈跳力和尾部的推
動，才得以在沙灘上跳動和匍匐爬行，有時還能爬到
海邊的樹枝上。

　　更特別的是，這種魚雖然不能長期離開水生活，
但是也已習慣於陸地生活，牠必須不時爬到陸地上
來。除此之外，牠們還具有獵取陸生昆蟲和甲殼類動
物的本領呢！

　　彈塗魚既然是魚類，牠離開水後，靠什麼進行
呼吸呢？我們知道，一般魚是依靠鰓在水中呼吸空氣
的，而彈塗魚除了鰓之外，主要還依靠皮膚來幫助呼
吸，因此牠能離開水生活。

　　從這種魚身上，我們可以清楚的看到，生命進化
的過程，的確是從水生漸漸進化到陸生的。牠為生命
進化提供了一個強而有力的證據。

恐龍的滅絕和雌雄的比例有關嗎

　　生物學家克勞德・皮尤博士真是個「怪人」，即使到冬季運動站去度幾天假，他也決不會忘記帶上那些整年陪伴著他的龜。他捨不得離開這些摩爾龜和歐洲淡水龜的原因，倒不完全是出於對大自然的熱愛，而是他從這些龜的性別分化中似乎看到了恐龍滅亡的真正原因。皮尤博士曾經把這兩種龜的卵放進不同溫度的孵化箱，等到小龜出世後詳細的登記牠們的雌雄比例。當然，為了更有說服力，實驗用的龜卵都是同一窩的。登記本上的數字是令人驚異的：在低於27.5°C 的溫度下孵化的歐洲淡水龜，無一例外全部是

雄性，而高於 29.5°C 孵化的又全部是雌性。在這兩個溫度之間，則有雌有雄，甚至還有雌雄兼性的。摩爾龜的實驗結果與此類似：在 26°C～27°C 溫度之間孵化的全是雄性，而 31°C～33°C 孵化的又全是雌性。雌雄之間的「分界溫度」在 30.5°C 左右。其他各種龜幾乎都有這種現象，只不過「分界溫度」稍有不同，大多數在 28°C～31°C 之間。

當然，自然界的情況不同於孵化箱，孵化溫度不可能保持恆定不變。為了深入這種研究，皮尤博士又仿照自然環境，將淡水龜的卵埋在沙土裡，旁邊插上一支溫度計，以便隨時觀察孵化期間的溫度變化。

在這次實驗中，皮尤發現，決定淡水龜性別的有一個關鍵的階段。當龜的胚胎發育到 170～180 克時，就進入了這個對溫度十分敏感的階段。在這以前，所有的胚胎都分不出雌雄。而這個階段的環境溫度高於或低於「分界溫度」，就會影響到孵化出的龜的性別。

眾所周知，哺乳動物的性別完全是由細胞中的性

染色體來決定的，與環境溫度毫不相干。但是為什麼龜的性別卻受溫度的影響呢？

在雄性哺乳動物的血液中，存在一種叫做 H－Y 抗原的蛋白質，它能誘導睪丸的形成，但在雌性哺乳動物身上卻沒有這種抗原。奇怪的是，在鳥類身上的情況卻恰恰相反：H－Y 抗原誘導卵巢的形成，而雄鳥的身上反而不具備這種抗原。

現代遺傳學對這種現象的解釋是：哺乳動物是「配子異型雄性」，也就是雄性的兩個性染色體不同（XY），而雌性的兩個性染色體相同（XX）。相反，鳥類卻是雄性具有兩個相同的性染色體（XX），而雌性具有兩個不同的性染色體（XZ）。經過化驗，在雌龜的血液中發現了 H－Y 抗原，而雄龜的血中則沒有。因此人們認為在這一點上龜與鳥類是類似的。不同之處在於，龜體內的 H－Y 抗原是否會發生作用，將取決於胚胎體內產生的是雄性還是雌性激素。如果胚胎內合成的是雌激素，那麼它能激化 H－Y 抗原，性腺

便發育成卵巢；如果胚胎內合成了雄激素，那麼它便抑制了 H－Y 抗原，於是體內便生成了睪丸；當兩種激素同時出現時，便孵化出了雌雄兼性的個體。由於雌雄激素的合成對外界溫度的依賴性很大，因此環境溫度就對龜的性別起了決定性的作用。

還沒有完全弄清楚的是：是否所有的爬行類動物的性別都取決於孵化時的環境溫度？特別是在 6500 萬年前滅絕了的恐龍，是否也具有相同的原理？

目前人們能夠肯定的是，蜥蜴的性別也是由孵化溫度來決定的。不久前，英國貝爾法斯特大學的費古遜教授，還證明了另一種爬行動物鈍吻鱷也是如此；不同的是，低溫有利於產生雌性，高溫反而有利於產生雄性。然而，即使人們能找到足夠的證據，證明中生代的恐龍正是由於環境溫度變化影響了雌雄的比例，以至最後只有一種性別的恐龍誕生而最終導致了物種的滅亡，也沒有完全解開恐龍滅絕之謎，因為人們無法知道：最後一隻恐龍究竟是雄性還是雌性的？

四次全球性
生物滅絕的原因

　　發生在 6700 萬年前的「恐龍滅絕」事件已是世人皆知的一大慘案。但在漫長的地球歷史演化過程中，地球上慘遭滅頂之災的生物遠不止恐龍家族。

　　據科學分析，整個顯生宙時期，有 4 次最明顯的全球性生物群突然滅絕的現象。

　　第一次發生在距今約 4.4 億年的奧陶紀末期。這次遭到滅絕的生物門類大約有 75 個科，其中重要的有達爾曼蟲等三葉蟲類、孔洞貝等腕足類以及某些單列型的四射珊瑚和頭足類等。

　　第二次發生在晚泥盆紀，距今約 3.4 億年。有 80

餘種海洋無脊椎動物如腕足、三葉蟲、珊瑚、苔蘚等類遭了災。

第三次距今約 2.4 億年，在二疊紀末期。許多在古生代繁盛一時的極重要海洋無脊椎動物，以及苔蘚動物中的隱口目和變口目，總計 90 多個科幾乎徹底滅絕。

這三次「生物大滅絕」幾乎隔 1 億年發生一次。

第四次發生在使雄霸地球長達 1 億多年的龐然大物 —— 恐龍絕種的年代，即距今 6700 萬年的白堊紀末期。與恐龍同時絕跡的還有海蕾、菊石、箭石和某些固著蛤型瓣鰓類。

是什麼造成如此大規模的全球性生物滅絕的呢？

像 1765 年將繁榮的大都市龐培，在旦夕之間葬於火山爆發熔岩流下的災難性突發事件，儘管也會使當時當地生物群遭遇不幸，但從整個地球看這種災難只是局部的。所以，像火山爆發、洪水、冰川、地震、海嘯等自然災害，都不足以成為地球史上 4 次全球性

生物大滅絕的元兇。

人們從月球上大大小小的隕石坑，以及目前已發現的地球上的巨大隕石坑得到啟發：地球也像月球一樣，曾無數次地遭受過星體的撞擊。這些天外來客足以給地球生物帶來毀滅性的災難。目前被承認發生在出現了 4 次全球生物滅絕的顯生宙、直徑大於 10 公里的撞擊物有 100 個左右。這些天外來客以每秒數十公里的高速闖入地球大氣層，因空氣的阻力，它們會發生爆炸，並放出大量碎塊和粉塵，同時產生巨大的衝擊波和光輻射。濃重的塵埃雲遮天蔽日，能長達數年之久。陸地上的動植物長期失去光照，不能正常生長和活動，直至死亡。

如果隕物撞入海洋中，會使大量海水變成蒸汽，升騰到空中，與大氣中的氧和氮迅速化合成含氮的酸，形成酸雨落入海中，破壞海洋生物的生態平衡。此外隕落物還攜帶各種有毒元素和物質，隨海流的移動迅速擴散到世界各地，使大量微生物和超微物質死

亡。人們從恐龍遺骸和蛋殼中發現有毒物質，以及白堊紀與第三紀分界處的地層中銥等有毒元素異常（比地球上的正常銥含量高出 25 倍之多）等現象，為星體撞擊地球引起全球性生物滅絕的災變說找到了證據。

已經滅絕的動物會再生嗎

　　1977 年 6 月，在前蘇聯西伯利亞東北部的冰土層裡，發現一頭冰死的古動物——長毛象。這是生活在 4 萬年前北極地區的一種古象，牠的最大特點是滿身披著濃厚的長毛，其身軀並不比現代象小，高而圓的頭頂下面也長著一條長鼻子。長毛象的足跡曾遍佈北半球的北部地區，中國北部也有發現，但現在牠早已在地球上滅絕了，只有牠的表親亞洲象和非洲象還生活在地球上。而發現的這隻死了 4 萬年的長毛象，仍然有血有肉，蘇聯、美國和加拿大的動物學家們正致力於讓牠「起死回生」。

現代生物學研究表明，在深低溫下，動物細胞的生物鐘似乎停止了擺動，可使細胞的生命力長期保存下來。西伯利亞永久凍土帶就如同一個天然的大冰庫，使某些不幸陷入地層的長毛象得以完整的保存下來。科學家們已經從 1977 年發現的長毛象身上尋找到了未受損傷的體細胞和白血球。這些細胞經電子顯微鏡觀看，一切完好無損。科學家們準備用這些細胞進行無性繁殖，讓長毛象獲得再生。

根據現代生物學理論，每個細胞的細胞核中都儲存著一套生命的設計密碼 —— 基因，在一定的條件下，就能按照這些「密碼」製造出一個生命來。

早在 20 世紀 60 年代，英國生物學家格登就曾做過一個非常有意義的實驗。他將一種有腳爪的非洲蛙的體細胞核，移植到另一種無腳爪的蛙的卵細胞中，結果這個未經受精的卵細胞後來長成了有腳爪的非洲蛙。這是因為牠含有非洲蛙的細胞核，裡面儲存著非洲蛙的遺傳基因。

　　由此可見，用無性生殖的方法繁殖長毛象，無論在理論上和實踐中都是可以證明的。若能獲得未受損害的、有活性的長毛象體細胞，將其細胞核移植到現存的亞洲象的卵細胞中，再把這個卵細胞放在母象的子宮裡，就可能繁育出一頭活的長毛象。

　　有理由相信，只要有完好的古代滅絕動物的體細胞，也就是得到了該動物的一套遺傳基因，就可能將牠「再生」出來。但像長毛象這樣能保存很好的古代滅絕動物畢竟是極少數。生物學家想透過古分子生物學，對滅絕動物的化石進行分子水平的分析，解出牠們的遺傳基因——DNA結構，再透過生物工程複製人工遺傳基因，以獲得該動物的整套遺傳訊息。生物學正在突飛猛進的發展，許多設想正在變為現實，讓我們共同期待長毛象和其他滅絕動物的新生。

十二生肖的選擇

　　漢族生肖中的 12 種動物的選擇並不複雜,它與漢族人的日常生活和社會生活相接近,是可以猜測的。在 12 種生肖動物,大致可將其分為三類。

　　第一類是已被馴化的「六畜」,即牛、羊、馬、豬、狗、雞,牠們是人類為了經濟或其他目的而馴養的,占 12 種動物的一半。「六畜」在中國的農業文化中是一個重要的概念,有著悠久的歷史,在中國人的傳統觀念中「六畜興旺」代表著家族人丁興旺、吉祥美好。春節時人們一般都會提「六畜興旺」,因此這六畜成為生肖是有其必然性的。

　　第二類是野生動物中為人們所熟知的,與人的日

常、社會生活有著密切關係的動物，牠們是虎、兔、猴、鼠、蛇，其中有為人們所敬畏的介入人類生活的，如虎、蛇；也有為人們所厭惡、忌諱，卻依賴人類生存的鼠類；更有人們所喜愛的，如兔、猴。

第三類是中國人傳統的象徵性的吉祥物——龍，龍是中華民族的象徵，是集許多動物的特性於一體的「人造物」，是人們想像中的「靈物」。龍代表富貴吉祥，是最具象徵色彩的吉祥動物，因此，生肖中更少不了龍的位置。

從以上可以看出，生肖動物的選擇並不是隨意的，而是有一定的含義，人們所選擇的動物都是出於不同的角度，並帶有一定意義。

十二生肖的排列順序

十二生肖是按照什麼順序排列的呢？前面說到，生肖產生於遠古動物崇拜、圖騰崇拜的氛圍之中，人們僅是用動物來借代序數符號與地支相配，為什麼選擇這 12 種動物，誰先誰後，按照什麼樣的順序排列並沒有定論，由於生肖是產生於遠古的古老文化，因時間的久遠人們已將排列的初衷遺失了，今人的傳說故事等只是對它的附會，只能依賴於傳說和想像。關於生肖排列問題大致有以下三方面的解釋。

一、是民間傳說故事中的生肖排列。漢族民間故事說：當年軒轅黃帝要選 12 種動物擔任宮廷衛士，貓託老鼠報名，老鼠給忘了，結果貓沒有選上，從此

與鼠結下冤家。大象也來參賽，被老鼠鑽進鼻子，給趕跑了，其餘的動物，原本推牛為首，老鼠卻躥到牛背上，豬也跟著起哄，於是老鼠排第一，豬排最後。

虎和龍不服，被封為山中之王和海中之王，排在鼠和牛的後面。兔子又不服，和龍賽跑，結果排在了龍的前面。狗又不平，一氣之下咬了兔子，為此被罰在了倒數第二。蛇、馬、羊、猴、雞也經過一番較量，一一排定了位置，最後形成了鼠、牛、虎、兔、龍、蛇、馬、羊、猴、雞、狗、豬的順序。

傳說故事雖不是對問題的科學解釋，但它卻展現了人們希望對十二生肖的選擇作出解釋的願望。

二、是中國古代學者從古代晝夜十二時辰的角度解說地支和肖獸的配屬關係。黑天荀地，混沌一片，鼠，時近夜半之際出來活動，將天地間的混沌狀態咬出縫隙，「鼠咬天開」，所以子屬鼠。

天開之後，接著要闢地，「地辟於丑」，牛耕田，該是闢地之物，所以以丑屬牛。

　　寅時是人出生之時，有生必有死，置人於死地莫過於猛虎，寅，又有敬畏之義，所以寅屬虎。

　　卯時，為日出之象，太陽本應離卦，離卦象火，內中所含陰爻，為太陽即月亮之精玉兔，這樣，卯便屬兔了。

　　辰，3月的卦象，此時正值群龍行雨的時節，辰自然就屬了龍。

　　巳，4月的卦象，值此之時，春草茂盛，正是蛇的好日子，如魚得水一般。

　　另外，巳時為上午，這時候蛇正歸洞，因此，巳屬蛇。午，下午之時，陽氣達到極端，陰氣正在萌生。

　　馬這種動物，馳騁奔跑，四蹄騰空，但又不時踏地。騰空為陽，踏地為陰，馬在陰陽之間躍進，所以成了午的屬相。

　　羊，午後吃草為最佳時辰，容易上膘，此時為未時，故未屬羊。

　　未之後申時，是日近西山猿猴啼的時辰，並且猴

子喜歡在此時伸臂跳躍，故而猴配申。

　　酉為月亮出現之時，月亮屬水，應著坎卦。坎卦，其上下陰爻，而中間的陽爻代表太陽金烏之精。因此，酉屬雞。

　　夜幕降臨，是為戌時。狗正是守夜的家畜，也就與之結為戌狗。

　　接著亥時到，天地間又浸入混沌一片的狀態，如同果實包裹著果核那樣，亥時夜裡覆蓋著世間萬物。豬是只知道吃的混混沌沌的生物，故此豬成了亥的屬相。宋代著名理學家朱熹持此觀點。

　　三、是按中國人信陰陽的觀念，將12種動物分為陰陽兩類，動物的陰與陽是按動物足趾的奇偶參差排定的。

　　動物的前後左右足趾數一般是相同的，而鼠獨是前足四，後足五，奇偶同體，物以稀為貴，當然排在第一，其後是牛，四趾（偶）；虎，五趾（奇）；兔，四趾（偶）；龍，五趾（奇）；蛇，無趾（同偶）；馬，

一趾（奇）；羊，四趾（偶）；猴，五趾（奇）；雞，四趾（偶）；狗，五趾（奇）；豬，四趾（偶）。

持這種說法的是宋人洪巽，明代學者郎瑛在其基礎上進行了歸類，在其所著的《七修類稿‧十二生肖》中提出「地支在下」，因此別陰陽當看足趾數目。

鼠前是四爪，偶數為陰，後足五爪，奇數為陽。子時的前半部分為昨夜之陰，後半部分為今日之陽，正好用鼠來象徵子。

牛、羊、豬蹄分，雞四爪，再加上兔缺唇且四爪，蛇舌分，六者均應合偶數，屬陰，佔了六項地支。虎五爪，猴、狗也五爪，馬蹄圓而不分，六者均為奇數，屬陽，連同屬陽的鼠，佔了另外六項地支。郎瑛的歸類法，是借洪巽的分類法，二者大同小異。

以上三種解釋，分別從不同角度來解釋生肖的排列。民間有關生肖動物排列的傳說故事非常豐富，這些傳說故事的流傳一方面豐富了生肖的內容，另一方面又促進了生肖文化的傳承與發展。

　　將 12 種生肖動物分為陰陽兩類，將其納入中國人五行信仰的觀念之中，目的是將屬相與人生儀禮相關聯，將陰陽、五行與生肖對應起來，進而解釋其他有關的人生文化現象。

CHAPTER

2

人體常識篇

人種為什麼在膚色、形體上有差別

　　從生物分類學的角度來說，繁殖隔離的生物群體分別為不同的「物種」。整個人類不存在生殖隔離的現象，所以，分類學家就為人類定出一個單一的種名——人種。

　　由於人類確實存在形體上完全不同的人群，因此，人種又被分為若干亞種，如蒙古種（黃種人）、高加索種（白種人），等等。亞種也叫種族。亞種的分類比較複雜。前面提到的是較大的亞種。此外，還有一些小的變種，如地中海種、阿爾派恩種，等等。屬於亞種中間類型的人群就更多了。

　　根據達爾文進化理論，人類在漫長的進化過程中，透過自然選擇，居住在不同地帶的人群形成了膚色、五官及軀體方面的差異性。如熱帶地區的人膚色黝黑，寒帶地區的人皮膚細白。前者的皮膚細胞裡黑色素多，像一塊厚厚的幕布抵抗著日光強烈的灼燒，後者的皮膚細胞中黑色素極少，像一層細薄簾布，易於自然光射入身體。陽光照進人體，可促使體內麥角醇轉化成維生素 D，人就不易患佝僂病。

　　人類的膚色有許多種，其中佔人口較多的和富有代表性的要算是黃、黑、白三種。

　　皮膚顏色的不同，主要由三種因素決定。一是血液供應的多少，如臉部，特別是嘴唇，當血液供應充足時，就顯得紅潤，當血液供應不足時就會變得蒼白。二是表皮角質層的厚薄，經常勞動和鍛鍊的人手掌和腳底的皮膚通常較厚，因而略帶黃色。三是黑色素的多少，這是最重要的因素。黑色素在正常的白人皮膚中很少；在黃種人皮膚中，有的較多，有的不太多，

相差較大；在黑人皮膚中則非常多。

人體內有一種叫酪氨酸的蛋白質，它經過一系列的化學變化後，能形成黑色素。一般認為，在表皮基底層內，有一種黑色素細胞，它在太陽光的紫外線照射下能產生黑色素。黑色素對表皮下組織和器官有保護作用。

黑色素的多少，主要是遺傳，其次是環境影響。

為什麼皮膚的顏色會世代相傳呢？現代分子生物學證明：人類的膚色、外貌及其他生化、免疫特徵，都是由遺傳基因，即細胞核中的核糖核酸分子（DNA）所決定的。遺傳基因控制著人體內的酪氨酸酶的合成，這種酶是催化劑，它能促使人體細胞中的酪氨酸轉化成黑色素。簡而言之，遺傳基因決定人體皮膚細胞中黑色素的量，使不同人種的子孫與其祖先具有同樣顏色的皮膚。

不同人種不僅膚色各異，外貌特徵也不盡相同，這是生態上的需要。高加索人生就一隻長而狹窄的鼻

子，外界冷空氣進入肺之前已被加溫；相反，非洲人的鼻子短而寬，以適應較熱的環境。澳大利亞沙漠中的居民，軀幹消瘦，四肢細長，造成較大的體表面積，比粗胖個子的人易於得到冷卻性的汗水蒸發。

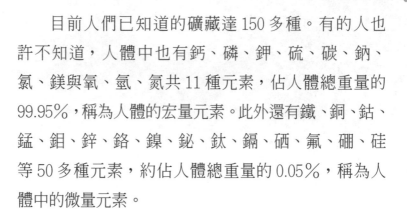

人體裡含有的元素

目前人們已知道的礦藏達 150 多種。有的人也許不知道，人體中也有鈣、磷、鉀、硫、碳、鈉、氯、鎂與氧、氫、氮共 11 種元素，佔人體總重量的 99.95％，稱為人體的宏量元素。此外還有鐵、銅、鈷、錳、鉬、鋅、鉻、鎳、鉍、鈦、鎘、硒、氟、硼、硅等 50 多種元素，約佔人體總重量的 0.05％，稱為人體中的微量元素。

人之所以生命不息，與這些元素的功用息息相關。磷、硫與碳、氫、氧、氮是人體內蛋白質、脂肪、碳水化合物和核酸的構成成分；鈣是骨骼和牙齒的重要組成成分，並與鉀、鎂同為所有細胞必不可少的成

分；當人體嚴重缺鐵時，則會引起缺鐵性貧血；體內缺銅，又將導致血液膽固醇升高，引起冠心病。可是人體內必需的微量元素過量了，也會損害生命。

人體所需的最重要的礦物質

我們的身體，需要多種礦物質來協助各種生理功能，缺少了任何一種，都會使健康出現問題。專家們列出了人體所需的最重要的礦物質，並指出從何種食物中可以攝取得到。

一、鈣

含有豐富鈣的食物，包括牛奶、乳酪、蜜糖、乳酸、杏、肝臟、蘿蔔及椰菜花等。

二、鐵

要獲得足夠的鐵質可以多進食肝臟、雞蛋、豆類、綠葉蔬菜、葡萄及小麥麵包等食物。

三、鋅

肝臟、海產、菠菜、黃豆、葵花瓜子、蘑菇、橙汁、洋蔥及鯡魚等，均含豐富的鋅。

四、銅

含銅質較豐富的食物，包括豆類、硬殼果、肉類、海產生物、葡萄及蘿蔔等。

五、鉀

葡萄、無花果、桃、番茄、花生、海產、杏、香蕉、馬鈴薯及葵花瓜子等，都含高量的鉀。

六、錳

要吸取這種礦物質，可以多食香蕉、麥片、芹菜、蛋黃、綠葉蔬菜、豆類、肝臟、乳酪。

七、鉻

貝殼類、啤酒、胡椒、肝臟、牛血、蘑菇及麥皮等，都含有這類礦物質。

八、鈉

可從食鹽、牛奶、乳酪、魚類、乳酸等食物中獲取。

九、碘

海產食物中含量最豐富。

十、鎂

可從麥皮、蜜糖、綠葉蔬菜、海產生物及菠菜中獲得。

十一、硒

花生、椰菜花、洋蔥、大蒜、肝臟、雞蛋、白菜及番茄等，都有豐富的硒。

十二、氯

可從食鹽中攝取。

人體中長出的「石頭」

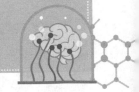

　　大自然中有取之不盡的石頭，修建房屋，鋪路築堤都離不開石頭。石頭還可以做許多建築材料的原料，水泥就是用石頭粉和其他原料製成的。大自然的石頭是由於地殼變化，大量的岩漿從地下噴出積壓形成的。可是你知道嗎？在人體內有時也能長出「石頭」，這就是人們平時所說的結石。

　　人體中哪些地方會長出結石？

　　人們普遍知道的是：膽結石，腎結石，尿道結石以及牙石。其實不僅這些，在肺、胃、腸道、皮下、靜脈等許多器官內都可以形成結石。根據資料顯示，人體的結石小的如同細沙，不足 1 毫米，大的結石有

的像小西瓜一樣大，直徑有幾十公分，最重的結石可達到 6.3 公斤。那麼，人體的結石是怎樣形成的呢？打個比方，滾雪球要先捏緊一個雪團，然後放在雪地上越滾越大。

人體結石的形成與滾雪球類似，也是有一個核心的東西，然後有鹽類物質沉積在其表面。結石的核心有人體內死亡的細胞、血塊、寄生蟲死之後的殘體，也有吃下去的穀物、果核、毛髮等。有了這些核心，再碰到人體中異常存在的各種鹽類就容易形成結石。

人體中的鹽類一般溶解在體液中，由於人體的化學變化使某些鹽類的溶解發生改變，從體液中析出，逐漸沉積到核心物的周圍，日積月累結石就慢慢形成了。

「結石」是一種常見病，雖然結石形成的確切原因尚不十分清楚，但結石的診斷和治療的方法卻很多，效果也十分好。

隨著現代化科學技術的發展，超音波掃描、X 光

線攝影以及電腦斷層掃描（CT）等先進儀器已經能夠準確地確定「結石」的位置、大小，為治療提供了詳細的資料。

　　20 世紀 80 年代普及的碎石機，在治療膽、腎、尿道結石方面，取得了成功，在許多大中城市代替了手術取石的方法：碎石機透過電子衝擊波，從體外瞄準石頭，一下一下用震動波將體內的石頭擊碎，然後慢慢從人體排出，用不著手術開刀就可以取出「結石」了。

人體上的奇妙數字

關於人體的諸多方面，有許多奇妙的數字，有些甚至超出了我們的想像，比如下面的這些。

一、血管

如果把人體裡的血管連接起來，可達 15 萬公里長，可以繞地球赤道將近 4 圈。

二、紅血球

在人的 1 立方毫米的血液裡，有紅血球 500 萬個（男）。一個體重 55 公斤的人，有 4.4 升的血液，紅血球總數可達 22 萬億個之多。如把它們排列起來，長達 17 萬公里，約可繞地球赤道 4 圈。

三、血型

紅血球血型系統已知有 21 種，遺傳標記（抗原）有 400 多種；紅血球酶型有 8 個系統，遺傳標記有 30 多種。血清蛋白型有 10 多種，遺傳標記有 60 多種。白血球血型（HLA）系統有 5 種，遺傳標記在 1980 年國際會議公認的有 92 種，常見的有 32 種。

每個血型系統都是獨立遺傳的，紅血球血型有 26244 個組合可能。紅血球酶型也有 26244 個組合，而白血球血型系統的組合竟有 1105650 個。

每個血型系統互相組合的數目則為一億億億種。從理論上講，世界上沒有兩個人的血型是完全相同的。

四、肺

主要由肺泡組成，肺泡大小只有 1 粒小公尺的十分之一，兩個肺裡共有 7.5 億個肺泡，總面積可達 130 平方公尺。一個人每次吸到肺部的空氣約有半升，假定每分鐘吸氣 18 次，那麼在一晝夜內，通過肺部

的空氣就約有 1.3 萬升，總重量達 14 公斤。

五、消化液

　　一個成年人，每日分泌消化液 5.3 ～ 10 升，其中唾液 1 ～ 1.5 升，胃液 1.5 ～ 2.5 升，胰液 1 ～ 2 升，膽汁 0.8 ～ 1 升，小腸液 1 ～ 3 升。食物經過這些消化液的消化，才能由小腸壁吸收。小腸壁上生有許多絨毛，數量達 400 萬枚之多，有了它，小腸吸收的面積就可擴大 3 ～ 18 倍。

六、腎臟

　　人的每一個腎臟裡，有 100 多萬個腎單位，兩個腎臟就有 300 萬個左右，每分鐘過濾血流 1.2 升。體內的血液大約在 5 分鐘之內全部流經腎臟一次。

七、皮膚

　　皮膚裡有汗腺和毛髮。我們的手掌上汗腺最多，每平方公分有 370 多條汗腺，故手掌最易出汗。一個成年人全身的毛髮，約有 20 萬根，其中頭髮 8 ～ 10 萬根。頭髮的壽命為 8 個月到 4 年，平均每月可長 2

公分左右。

八、大腦

大腦中的神經細胞有 100 億～ 150 億個。每一個神經細胞的直徑僅有十萬分之一公分，體積僅有一千萬分之一立方公分。每一個神經細胞與 1 萬多個細胞相聯繫，形成了一個巨大的神經細胞網絡。其規模之大，構造之複雜，超過世界上所有電子計算機。

大腦皮層上大約有 10 億個凹凸溝、回。如果把這些溝、回鋪展開來，面積有 2000 多平方公分。

大腦的需血量很大，每分鐘流經腦的血液有 700 多毫升，占心臟輸出血量的六分之一。人腦中血管縱橫交錯，總長度達 12 萬公尺以上。

大腦能容納巨大數量的訊息，可達 1000 萬億比特（訊息量單位），相當於 10 億冊書的內容。

大腦每立方公分可以儲存 1 萬億比特訊息。而目前最先進的人造訊息存儲系統的訊息，存儲密度只有人腦的十萬分之一。大腦每分鐘可以處理 400 個單詞

的訊息。

九、腳

人的雙腳，從生理作用來看，最重要的功能是行走。據科學家多年來對人腳的研究，發現了許多既新奇又有趣的數字。

一個人即使經常以車代步，他的一生當中也要用雙腳走上 10 多萬公里的路程。據世界衛生組織的某些調查表明，一個人畢生約需步行 42.2 萬公里的路程。腳的另一個功能是承受全身的重量。一個體重 50 公斤的人，他的腳每天累計承受的總壓力達好幾百噸。

一位日本教授對腳進行了 37 年的研究，觀察了近 40 萬人，發現左腳接觸地面比右腳大，男女均如此。由此他得出結論，左腳主要起支撐全身重量的作用，而右腳卻是用來做各種動作的。演員就經常用右腳來表演動作，多數人攻擊時也使用右腳。

通常，7 個腳的長度大約等於身高。兒童的腳

平均每月長 1 毫米。大約到 25 歲時人腳開始定型。據調查，中國男性的平均腳長為 24.48 公分，女性為 21.6 公分。

如果赤腳走在鬆軟的泥土上，會留下一串清晰的足跡。仔細觀察不難發現，每個腳內側並不相連，好像一座拱形的門或橋，稱作「足弓」。男大學生的足弓為 5.4 公分，女大學生則為 4.06 公分。而經常負重或站立的勞動者，其足弓會相對小一些。有了足弓站立平穩，走路輕鬆。沒有足弓的稱為「扁平足」，是不正常現象，需要及時矯正。

十、頭髮、眉毛和眼睫毛的生長速度

成年人平均有 500 萬個毛髮毛囊，其中有 10 萬個是在頭部。每個毛囊是按一定的週期長毛髮的。根據毛囊所處的部位不同，毛髮生長的週期也不同。頭髮一般能持續不斷的生長 3～5 年，然後在 3～4 個月內脫落。頭髮脫落後，毛囊休整 3 個月以後，又能重新長出新發。

　　至於眉毛和眼睫毛，一般只能生長 10 個星期，這就是為什麼眉毛不會長得特別長，眼睫毛常常會脫落的緣故。頭髮每月約長 2 公分。雖然每根頭髮一天長得並不多，但是每天頭髮的總生長量加起來卻要達到 250 多公尺，一年就有 11 公里長。另外，每天掉髮 50 ～ 100 根是正常的，不必為此擔心這是禿頂的開始。

十一、人的耐力

　　耐熱 —— 人在 72°C 時能忍受 1 小時，82°C 時能忍受 49 分鐘，93°C 時能忍受 33 分鐘，而 140°C 時只能忍受 26 分鐘。

　　耐渴 —— 人在溫度為 16°C ～ 23°C 時，可過 10 天，26°C 時可過 9 天，29°C 時可過 7 天，33°C 時可過 5 天，36°C 時可過 3 天。

　　耐餓 —— 人不吃東西，但不限制用水，能活多久？1929 年在愛爾蘭科市的罷工者絕食達 70 ～ 94 天；美國的一個醫生在醫療實驗中採用飢餓療法則長達 90

天。

耐憋——人不呼吸一般只能持續 2～3 分鐘。

耐寒——耐寒力在很大程度上取決於平時有無耐寒訓練，現已知人的體溫為 28°C～32°C 時能走路、說話；在體溫 26°C～30°C 時還有知覺；甚至在體溫 24°C 時也還有意識。

十二、人身上的等號

在人身上有許多無形的等號，有的是近似相等，有的是確實相等，比如：

▪ 新生兒頭圍＝坐高

▪ 新生兒腸道總長度＝身長的 8 倍（嬰兒為 6 倍，成人為 4.5 倍）

▪ 新生兒肝臟重量＝體重的 4%（成人為 2.5%～3%）

▪ 新生兒腎上腺重量＝體重的 2%（成人為 1%）

▪ 新生兒體液總量＝體重的 80%（1 歲時為 70%，2～4 歲時為 65%，成人為 60%）

　　嬰兒身上的脂肪含量＝體重的 1/8（男性成人為 1/10；女性成人為 1/5）

　　◖1 歲小孩的胸圍＝頭圍

　　◖新生兒的腦重＝體重的 1/9 ～ 1/8（成人為 1/40 ～ 1/38）

　　◖嬰兒身上的蛋白質含量＝體重的 1/4（成人為 1/5）

　　◖成人下肢長度＝坐高

　　◖成人（男）身高的一半＝胸圍

　　◖成人心臟大小＝拳頭

　　◖成人拳頭的周長＝足長

　　◖成人呼吸一次＝脈搏 4 次

　　◖成人腎臟總重量＝體重的 1/220（新生兒約為 1/125）

　　◖成人腎血流量＝全身循環血量的 1/5（小孩亦同）

　　◖成人肺部的血容量，呼氣時與吸氣時不同：呼

氣時＝全身血量的 6%；吸氣時＝全身血量的 10%～
12%

- 肺動脈壓＝主動脈壓的 1/6
- 心臟的冠狀循環血量＝心臟輸出量的 1/10
- 人體的血液重量＝體重的 8%
- 人體水的攝入量（2000～2500 毫升／日）＝
排出量（2000～2500 毫升／日）
- 全身紅血球的總重量＝體重的 3.4%
- 指間距（兩手分別向左右平伸，左右中指間的
距離）＝身長

什麼樣的腦袋才是聰明的

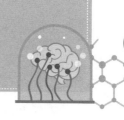

097

　　誰都想有個聰明的腦袋。那麼，什麼樣的腦袋才是聰明的，聰明的大腦在結構上有什麼獨到之處呢？許多科學家對此進行了多年的探索和動物實驗研究，至今才露端倪。

　　有些人認為，聰明的人腦袋一定是又大又重的。其實，這是一種不科學的偏見。大量的研究顯示，就人類本身來說，在正常的情況下，腦子輕重的差別，對人的智力是不會發生影響的。一些統計資料證實，男子的腦重只要不低於 1000 克，女人的腦重不低於 900 克，是不會影響人的聰明才智的。

那麼，聰明人的大腦有什麼特點呢？大家知道，偉大的革命家列寧是一位智力超群的偉大人物。在列寧逝世以後，科學家們對他的大腦皮層做了萬餘張切片，進行了詳盡的研究。結果發現，列寧大腦皮層的神經元（俗稱腦細胞）的樹狀突特別豐富，要比一般人多許多倍。由此可見，聰明人的腦袋還是有其特殊的地方的。

大腦神經元的樹突與智力又有什麼關係呢？人的大腦約有 1000 億個神經元，大腦外層——宛如橘子皮的大腦皮層是由 140 億個神經元組成的。一般來說，每個腦細胞都像棵小樹，呈分枝狀的樹冠部分叫樹突，負責接收訊息；樹幹部分及樹根就是軸突和軸突末梢，具有傳遞和輸出訊息的功能；而樹突與軸突交界的膨大處，相當於細胞體。

大腦要進行認識、判斷、記憶、想像、理解和推理等活動，一個細胞的活動是無法完成的，必須由許多腦細胞共同參加活動才能實現。然而，這些各自

獨立的細胞是透過什麼樣的結構互通訊息的呢？現代電子顯微鏡技術回答了這個問題。就是透過一個神經元的軸突末梢與另一個神經元的樹突或細胞體的接觸點──突觸來實現訊息傳遞的。據測知，一個神經元可含有近萬個突觸，與另外 1000 個神經元發生聯繫。樹突越多，建立突觸的能力越強；突觸愈多，傳遞訊息的能力愈大，大腦細胞間建立的「網絡」範圍越大；通路越多，大腦的機能越強，人就會具有較高的智力，顯得比較聰明。

美國羅切斯特大學的科學家，曾對剛死去的 15 個人（5 名中年人，5 名「正常老年人」，5 名早衰的老年人）的大腦做瞭解剖研究。結果他們意外地發現，5 位正常老年人大腦的樹突數量、分枝數和長度，都明顯地超過了中年人。

這一發現，從大腦結構上為「人老未必智衰」的論點提供了科學的依據。它也解釋了為什麼一些老年學者還能繼續揮筆疾書、作畫、演奏、指揮，直至生

命的最後一息。

　　由於直接研究人腦比較困難，所以，科學家們常常用動物實驗，進一步說明智力與大腦結構的關係。例如，有的科學家把同窩生的小白鼠分為兩組：一組生活在豐富多彩的環境中，讓牠們走平衡木、蕩鞦韆、聽音樂、玩玩具等；另一組則生活在單調的環境裡，每天只是吃吃、喝喝、睡睡。

　　過幾個月，對兩組鼠進行「走迷宮」測試。結果顯示，前一組小鼠比後一組鼠聰明得多。前一組只要經過 10 餘次學習，就能準確無誤的走出迷宮，而後一組雖經 20 多次的訓練，還是在迷宮面前「束手無策」。

　　此後，科學家對兩組鼠的大腦皮層做了切片，並在電子顯微鏡下觀察，發現在複雜環境中生活、測試成績優異的鼠腦皮層神經元的樹突比後一組鼠腦多許多倍，而且軸突與樹突的聯繫也十分複雜。進而又發現，突觸前膜增厚，突觸的囊泡增大，囊泡中含有的

遞質（負責傳遞訊息的化學物質）很多，都遠遠超過了落後的一組。

據目前所知的部分資料，我們可以繪出一個聰明腦袋的大致圖像：大腦中許多神經元具有較多的樹突分枝、突觸、囊泡，囊泡中的化學遞質（如乙醯膽鹼等）也較多，同時腦細胞中的「智慧RNA」特別豐富，並能有效的促使與智力有關的「特殊蛋白質」的形成。大腦中眾多的細胞之間建立了「網絡」，隨時能在人的記憶、思維、分析、想像等智力活動中發揮傳遞訊息和儲存訊息的作用。

當然，大腦是個十分複雜的結構，對於它的內幕，科學家們正在研究分析當中。

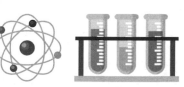

人腦到底能夠接受多少訊息

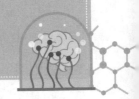

在科學技術迅速發展的今天，訊息、能源和資料已成為現代社會發展的三大支柱。人們已經置身於訊息的汪洋大海之中。數以萬計的廣播電台、電視台，正在日日夜夜地播送傳遞著各種新聞消息，每天世界上有幾億份報紙在發行，每個月出版發行的科學和文化書籍及雜誌也有幾十萬種，每年在科技雜誌發表的訊息就已超過幾百萬篇……據估計這種訊息正以每隔三四年就增加一倍的速度，向整個人類衝擊。有人預言人類最終將接受不了這麼多的訊息。那麼，人腦到底能夠接受多少訊息呢？

　　有人說，一個人一生能閱讀的書籍為 2000 ～ 3000 冊。而在人的一生中，出版的書籍有六千多萬冊，人能夠閱讀的僅僅是三萬分之一的數量。

　　科學家們對人的大腦進行了研究，一些科學家對人類大腦接受訊息的能力作出了估計，認為人的一般平均值為 1000 億到 10 萬億比特（訊息量單位），它大致等於前蘇聯列寧圖書館總藏書量所含的訊息。也就是說，一個人的大腦可以接受一個列寧圖書館的全部訊息。

　　可是，為什麼到目前為止，沒有一個人的腦子裡能夠裝入一個圖書館那麼多的訊息呢？原來，人接受訊息的速度太慢，人每秒鐘最多接受 25 比特的訊息量，按每天 10 小時接受訊息計算，一生 70 年，最多接受 200 億比特，遠遠沒有達到人的一般平均水準。由此可見，現在人類大腦不能接受那麼多訊息量，主要是接受訊息的速度太慢。

　　人的大腦具有接受大量訊息的能力，為什麼人類

卻只能利用一小部分呢？為什麼人類大腦接受訊息的速度與大腦容量的差距如此之大呢？這些至今仍是一個謎。

好在人們對大腦的研究已經取得了可喜的進展，謎底在未來的科技開發領域裡一定會被揭開的。

人的性格為什麼千差萬別

俗話說，百人百性。看來人的性格歷來是千差萬別的：脾氣火暴的，愛拖拖拉拉的，直爽的，多疑的……對於這種差異，有人認為與遺傳有關，有人則認為是由血型來決定的。但科學家們卻堅信，人體裡一定存在著某種決定性格差異的微量物質。經過長期的研究探索之後，美國亞特蘭大精神保健研究所專題研究小組的科學家們終於找到了兩種物質：去甲腎上腺素和乙醯膽鹼。

去甲腎上腺素和乙醯膽鹼是神經系統中主要的神經傳遞介質（簡稱遞質），在傳遞過程中能產生興奮

或抑制的效應。其中去甲腎上腺素產生興奮效應。在它的作用下，身體心跳加快、心搏加強、血管收縮、血壓升高、新陳代謝亢進、肌肉有力；乙醯膽鹼則產生抑制效應，作用正與去甲腎上腺素相反。

當人受到外界刺激的時候，體內會同時釋放出去甲腎上腺素和乙醯膽鹼。專題研究小組的科學家曾對不同性格的人進行腦脊液化驗，分析這兩種微量物質的不同比例與性格的關係。結果發現：當兩者比例關係平衡或基本平衡時，人對外界刺激的反應比較平和，顯得不慍不火，善於把自己的情緒控制得恰到好處。這類人屬於安定型或平均型的性格。

當兩者比例關係不平衡，去甲腎上腺素偏高時，人容易興奮，也容易與別人發生摩擦，一點很小的刺激就會引起激動，而不善於控制自己的情緒。不安定的外向型性格便屬於這一類。

而兩者比例關係不平衡，乙醯膽鹼偏高的人，則抑制佔著優勢，外界一般的刺激難以引起他的反應。

「溫暾水」正是這類安定的內向型性格的寫照。

由此可以看出：因為去甲腎上腺素和乙醯膽鹼的比例關係在各人身上不盡相同，才決定了人與人之間性格上的千差萬別。

根據這項研究結果，科學家預言，將來總有一天，人類可以借助藥物來調節體內去甲腎上腺素和乙醯膽鹼的比例關係，使之平衡，從而達到人人脾氣正常，精神健康。

心臟的神奇力量

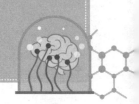

　　幾個世紀以前，曾經有一個極受崇敬的、聞名於世的內科醫生，在解剖一具女屍時，發現她的心臟還在輕微的跳動，結果他遭到指控，因為所有的人都認為那婦女還是活著的。

　　其實，這位醫生實在是冤枉的，那位婦女確實是死了。但她的心臟為什麼還會跳動？

　　一個人的心臟大致和自己的拳頭一樣大，外形像梨。它是能夠獨立自主工作的。在成熟的動物體內，心臟跳動雖然基本上受腦控制，但還是能擺脫腦發出的命令，獨立建起自己的節律，頑強的工作！

　　心臟主要是由肌肉構成的。每根肌肉纖維都能各

自獨立的收縮。心臟內部有指揮部，每根肌肉纖維就在指揮部發號施令下統一工作，心臟收縮就引起心臟跳動。一般死神降臨，心臟就停止跳動，但事情也並不總是這樣的，比如那位已死的婦女。

當然，心臟要持續不斷的收縮，就必須供給充足的能量。心臟每天消耗的能量足以把 900 公斤重的物體升高 1.2 公尺。

當今世界上，科學日益發達。美國一醫院最近施行了一顆心臟先後植入兩人體內的罕見手術：被移植的心臟來自一名在交通事故中喪生的婦女。

這顆心臟馬上被植入一位男性病人體內，病人正要康復出院時，卻突發大腦出血症身亡。接著，這顆心臟又植入一名工人體內，為這位原來被心肌擴張病折磨多年的工人開始了不息的工作。

瞧，心臟真是不簡單。

人的味覺的奧祕

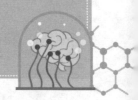

　　一般說來，食品的優勢主要靠人的味覺來品嚐。人的味覺是通過味蕾傳播的，味蕾主要分佈在舌頭上，也有少量分佈在軟顎、咽部等處。

　　按 1916 年德國心理學家赫寧格給出的味覺四原則，味蕾所接受的刺激有酸、甜、苦、鹹 4 種，這 4 種刺激在舌頭上所顯示的敏感性也不一樣，舌尖對甜味最敏感，舌尖兩側及舌外側緣的後部對鹹味最敏感，舌外側緣的中部對酸味最敏感，舌根則對苦味最敏感。

　　所謂酸、甜、苦、鹹，不過是在某種範疇內人們給它的稱呼，從生物學觀點來看，味覺是區別對維持

生命的物質是有用還是有害的訊號。

　　從赫寧格的味覺四原則觀點來看，尚有不可解釋的味覺。就拿從單細胞動物阿公尺巴到高等動物都不可缺少的蛋白質結構成分「氨基酸」來說，放在哪一類都不合適，看來它是生物感受到的又一種味覺，把它列為第五種味覺——美味。

　　氨基酸的種類很多，大約有 20 多種。從訊號上來區分，有易接受和不易接受兩種。易接受的氨基酸，除了豐富地存在於蛋白質中的谷氨酸中外，木松魚中的肌甘酸，香菇汁中提取的烏甘甜，這些都是美味的成分。特別是谷氨酸和核酸（肌甘酸和烏甘甜）合在一起會帶來更「鮮」的味道。

　　味覺不僅是辨別物質營養的訊號，也是身體方面有所要求的訊號。正如運動以後人需要鹽分一樣，當身體狀態變化時，喜好的味覺也會改變。

　　科學家曾用兩組老鼠做過這樣一個實驗，一組餵含蛋白質一般的食物，另一組餵一般的食物。結果

營養不良的老鼠喜歡鹹味，營養好的那組老鼠則要求「鮮味」，如果營養不斷加碼的話，喜歡鹹味的老鼠也會變成追求鮮味。喜好的味覺並不是固定不變的，隨著身體健康狀態和營養狀態而變化。

食味不僅是味覺，也是食品的香味（嗅覺）、溫度、軟硬程度、黏度（觸覺）、顏色、光澤、形狀（視覺）、嚼音（聽覺）的綜合，還要和飲食習慣、食物文化、氣氛、溫濕度等外部環境，心理的、生理的情況相配合，才能得出「好吃」的結論。設想對於一個由於失戀而沮喪的男子來說，美味佳餚也如同嚼蠟。

人類的味蕾主要分佈在舌頭上，也有少量分佈在軟顎、咽部等處。舌黏膜的菌狀乳頭、葉狀乳頭和輪廓狀乳頭內都有味蕾。其中以輪廓狀乳頭內的味蕾數目最多。一個輪廓狀乳頭包含味蕾 33 ～ 508 個，平均 250 個。

味蕾內含味細胞。在味細胞的基部有感覺神經分佈。舌前 2/3 的味蕾與面神經相通，舌後 1/3 的味蕾

與舌咽神經相通。軟顎、咽部的味蕾與迷走神經相通。味蕾接受的刺激有酸、甜、苦、鹹4種。

味蕾的數量隨著年齡的增長而變化。一般 10 個月的嬰兒味覺神經纖維就已成熟，能辨別出鹹、甜、苦、酸。味蕾數量在 45 歲左右增長到頂點。

成年人舌頭的味蕾大約是 1 萬個，主要是分佈在舌尖和舌頭兩側的舌乳頭和輪廓狀乳頭。到 75 歲以後，味蕾數量變化較大，由一個輪廓狀乳頭內的 208 個味蕾降到 88 個。

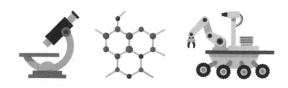

氣味是怎樣被我們聞到的

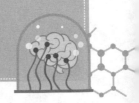

　　世界上許多東西都能散發出自身特殊的氣味。走進芬芳的花室，陣陣濃郁的清香迎面撲來；來到海鮮魚市，很遠就可以聞到魚蝦的腥氣。

　　氣味是怎樣產生的呢？又是怎樣被我們聞到的呢？原來，世界上的每一種東西都有自己特殊的物理、化學性質，這些不同的性質是由組織這種東西的分子組成的。

　　花蕊中的花粉是一種具有芳香的分子組成的，海蝦魚蟹的肉是由蛋白質組成的，蛋白質很容易變質發出一種腥氣。世界上的每一種分子又都是在不斷的運

動。花的香味就是花粉的分子隨著空氣的流動慢慢的擴散出來，飄到我們的鼻子裡。人的鼻腔裡有一層薄薄的黏膜，黏膜內有一層嗅覺細胞叫嗅覺感受器，它能感受到空氣中帶氣味的分子。

嗅覺感受器受到氣味分子的刺激，嗅覺細胞興奮，透過嗅神經傳導，把興奮傳到大腦皮層的嗅覺神經區，形成嗅覺。

人的鼻子中分佈著大量的嗅覺感受器，大約有500萬個嗅覺細胞，在空氣中萬億分之一克的物質散發出來的氣味人就可以聞到。

當人傷風感冒或患有鼻炎時，會感到嗅覺較差，這是由於鼻黏膜受到細菌的感染，產生炎症，使嗅覺分子一時失去了作用，隨著病情的好轉，嗅覺又能慢慢的恢復了。

人為什麼長兩隻眼睛

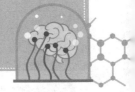

　　人只長一隻眼睛行不行？眼睛長在額頭上或者雙耳側行不行？視物時，兩眼不同步行不行呢？你想知道這些奧祕嗎？

　　在人類大腦中，幾乎有90%以上的外部訊息是透過眼睛傳入的。人生活在三維立體空間中，可是，眼的視網膜得到的卻是一個沒有深度和立體感的二維平面像，就像普通相片一樣，無法把三維立體的客觀世界真實的反映出來。人長兩隻完全相同的眼睛，用雙眼同時注視某一景物時，該景物在兩眼視網膜上成像的大小、形狀和亮度基本相同。但由於左右兩眼是從兩個不同的位置和角度去掃瞄景物，而景物的每一點

在視網膜上投影的對應點並不完全相同，這就產生了視差。視差是外部世界給予眼的深度方面的訊號，眼睛將深度訊息傳送給大腦，大腦對這兩個具有視差的二維平面物象進行加工處理，綜合成一個單一完整、具有深度和立體感的物象。這種功能叫做雙眼視覺功能。

是否長著兩隻相同的眼睛，就能獲得深度和立體感呢？這與兩眼的分散角有關。有人測量過：馬兩眼的分散角為 $50°$ ～ $60°$，狗兩眼的分散角為 $13°$ ～ $25°$，都難以形成視差，故立體感很差，甚至沒有。人和靈長類動物兩眼分散角約為 $5°$，兩眼視野大部分重疊，可以感受同一物體的光線刺激，這就提供了獲得視差的良好條件，因此立體視覺功能高度發達。

有人會問：既然如此，為什麼有的人一隻眼失明後，另一隻眼在視物時，仍會有一定的深度和距離感呢？這主要是根據經驗和一些條件來判斷的。其中包括：遠近物體之間互相掩蔽部分；物體近處光線較鮮

明、遠處較暗；以及根據晶狀體的調節等來判斷深度和距離。這與正常雙眼視覺所感受的立體感有著本質上的區別。

生物學上把雙眼視覺功能障礙、立體感缺乏的人，叫做「體視盲」。這種人在生活和工作上會感到諸多不便。例如，一位體視盲的銑工，無法把銑刀與工件對準，經常做出瑕疵品；打羽毛球或乒乓球時，不能準確判斷球在空間的位置，球拍不是早出便是晚伸；有一位汽車司機，因為缺乏良好的立體視覺，有時竟會在視野中出現盲區，直到對面開來的汽車駛近時，盲區才消失，多次險些發生撞人、撞車事故。

一名眼科醫生，由於沒有立體感，當進行精細手術操作時，動作不準確，手術經常不成功，最後不得不改行做其他工作。因此，凡雙眼視覺功能障礙者，便不宜從事上述工作。

人為什麼能說話

　　有人說，人有一張嘴，所以能說話。這樣說，是簡單了些。人之所以能說話，是因為具備了以下4個要素：動力、發聲、共振和構音。

　　會吹喇叭的人通常都知道，要吹出動人的樂曲來，一要吹，二要簧片（喇叭嘴），三要喇叭管，四要手指靈活的按孔。吹，就是動力；簧片，是發音器；喇叭管，是共振器；按孔，是構音。

　　人要說話，首先也要「吹」，把肺裡的氣「吹」出來，術語叫呼氣或叫吐氣，這是動力，肺和胸腹是說話的動力器。

　　運氣運得好，吹得有力，喇叭的聲音就響亮，如

果吹得無力，不是吹不響，就是聲音軟弱無力。如果肺和胸腹有病，呼氣無力，人說話也軟弱無力。這種現象稱為「聲弱」。所以，人要說話響亮，必須有一個健康的體格和肺部，要有一個良好的動力器。

人的發音器是喉。它有個空腔，在空腔中部還有一對聲帶。嚴格的說，聲帶才是發聲器。

當兩個聲帶閉攏像兩扇門閉合時，呼氣流衝擊聲帶的邊緣，使之振動，發出聲音。這種聲音很輕微，但很清楚，不過頻率範圍有限，如單靠它說話，那是含糊不清的。

從聲帶發出的聲音要經過共振腔的作用，才能變得響亮而富色彩。人的主要共振腔是喉腔、咽腔、口腔和鼻腔，也頗有一點喇叭管的樣式。

其他的共振腔還有下方的氣管、胸腔，上方的鼻竇腔和顱腔。聲帶振動除發出主要的基音聲調外，還帶有很多泛音。共振腔對基音、泛音起共振作用，泛音的多少與強弱，對基音作一定的修飾，使發出的聲

音有一種特色，稱為音色。

由於人們的共振腔大小、形態以及各自運用不同，所以每個人的音色就不一樣。聽到張三說話聲，就知是張三，不會誤認為李四。同樣一首歌，是關牧村唱，還是蘇小明唱，一聽就知道，因為兩人的音色不相同，儘管她們都是女中音。

最後還要經過構音器的作用，才能組成清晰的單音詞，俗稱「咬字」。也有人把構音器叫揚聲器官或清晰器官的，包括顎、舌、齒、唇4個主要結構。

它們協調的閉、開或半閉半開，能發出許多聲音，與聲帶發出的音結合起來，便有元音、輔音，有濁音、清音。

正像吹喇叭以手指按管孔才能發出「哆、、咪」等音符一樣。如果裂顎、兔唇、豁牙，就會造成發顎音、唇音、齒音的困難，說話就咬字不清了。

人為什麼能說話，就是有這4種器官在神經系統支配下相互協同動作的結果，當然還得要聽覺器官的

配合。

　　說話是人們交流思想的方式之一，所以，我們要精心愛護說話的器官。

女聲為什麼一般比男聲委婉動聽

　　你可能已經注意到了，女聲一般比男聲委婉動聽，為什麼會這樣呢？

　　這得從喉頭和聲帶談起。喉頭在頸部前方，向後上方與咽相連通，下方與氣管相接壤。喉由軟骨、韌帶和肌肉組成。喉腔兩側的黏膜，折疊成兩對皺襞，稱為聲帶。聲帶中間有裂口，叫做聲門裂。當我們說話或唱歌時，聲帶繃緊了，裂口縮小，呼出的氣流引起聲帶振動，便發出聲音。

　　喉頭上方的空腔，具有共振器的作用，它們可以加強所發出聲音的各個泛音，使語言或歌曲具有獨特

的音色。

　　男女的喉頭和聲帶發育是不一樣的。從變聲期後，成年男性聲帶長 20 ～ 25 毫米，女性聲帶長 15 ～ 20 毫米，所以男性說話的聲音粗而低，女性講話聲音清脆而高，女聲比男聲約高八度。

　　在音域方面也不一樣，男高音為 128 ～ 518 赫茲，女高音為 246 ～ 1024 赫茲，就是女中音也在 170 ～ 683 赫茲之間，比男高音還高一籌，所以女人說話圓潤而委婉動聽。

生氣時眼睛為何會不由自主的瞪大

125

　　日常生活中也可以看到人在發怒時眼睛會瞪得又大又圓。於是人們概括了一句俗語，叫做「怒目圓睜」。可是平時你要把眼睛瞪得大而圓，卻不很容易。這是為什麼？

　　原來人的上眼瞼有兩條使眼睛張開的肌肉，一條叫提上瞼肌，一條叫穆勒氏肌。提上瞼肌是隨意肌，受人意志控制，由第三對腦神經即動眼神經支配。

　　平時人的睜眼動作就是提上瞼肌收縮，使上瞼上舉完成的。穆勒氏肌是平滑肌，它能使張開的眼裂繼續增大。穆勒氏肌受交感神經支配，而交感神經是不

受意志控制的。

　　所以，平時人不能隨意讓穆勒氏肌收縮以使眼睛睜到最大限度。但是，當出現盛怒、驚恐等激烈的情緒改變時，交感神經興奮，穆勒氏肌收縮，這時眼睛就會不由自主地瞪得又大又圓了。

人為什麼會感到疲倦

127

人們常常會有疲倦的感覺，也自然希望能盡快消除疲倦。但很多人由於不知道自己為什麼疲倦，儘管用了許多方法，仍無濟於事。

疲倦主要有三種：身體疲倦、病理疲倦和心理疲倦。

身體疲倦的原因是肌肉工作過度，使新陳代謝所產生的廢物——二氧化碳和乳酸，在血液和體液中積蓄起來。這種疲倦常常會產生一種愉快的疲倦感，就像打了一場球以後或做了一次郊遊以後的那種體驗。休息一下，使身體有機會排除廢物及重新累積肌肉的燃料，就可以迅速消除這種疲倦。

　　病理疲倦是由某種疾病引起的，通常還會有別的症狀出現。應該警惕自己是否罹患了什麼病，到醫院做一次徹底的身體檢查。

　　心理疲倦是由心理因素引起的。情緒問題和感情衝突，特別是憂鬱和焦慮常常是長期疲倦的主要原因。

　　如果生活、工作、學習、婚姻以及與別人的關係等各方面的不愉快情緒，沒有公開發洩出來，而是壓抑在心裡，就會出現以疲倦為主要症狀的身體不適症。

　　心理疲倦可能伴隨著由潛在心理矛盾引起的睡眠紊亂，發展下去或是失眠，或是雖然睡夠了所要求的時間，但在睡眠過程中噩夢不斷，常常驚醒。

　　消除心理疲倦，首要的是瞭解自己的潛在情緒，最好是向有經驗有遠見的長輩、老師、同事、朋友談談自己的情緒問題，以便正確對待處理這些問題，最終消除嚴重的長期疲倦以及一段時間的沮喪，使心情

處於輕鬆愉快狀態。

　　一般說來要消除疲倦，維生素和鎮靜劑基本上起不了什麼作用，安眠藥和酒反而會引起副作用。值得引起注意的有下面五個方面。

一、飲食

　　如果早餐很馬虎、質量差，甚至根本就不吃早餐，那麼在上午常常會疲倦，因為這樣會使全身能量的血糖來源降低。因此，要維持一日三餐的規律和各種食物的平衡，還要注意不要讓體重過重，否則既會引起身體疲倦又會引起心理疲倦。

二、運動

　　有規律的習慣性的運動能增加幹勁，還有良好的鎮靜作用，使你能輕鬆愉快的工作，應付各種緊張局面，晚上運動還會使晚上睡得香。

三、睡眠

　　足夠的睡眠，在消除因睡眠不足而引起的疲倦時，顯得特別重要。

四、瞭解自己

要掌握自己體力、心理活動的規律，根據這個規律來安排自己的工作，把最重的工作安排在自己體力、精力的最高峰期間來做。

五、工作間休息

不論工作多麼有趣、緊迫，都要時常停下來伸展一下身體，變換環境，就能始終精神旺盛地工作。休息時要盡量放鬆肌肉和大腦，做做體操，散散步。

人為什麼會睡覺

131

　　在人類的生命活動中，有許多的時間是在睡眠中度過的。可是，你知道人為什麼會睡覺嗎？

　　1910 年，法國有一位叫佩倫的科學家，他別出心裁的做了一個耐人尋味的實驗。他剝奪狗的睡眠，連續 150 ～ 193 小時不讓狗入睡。在狗的痛苦萬狀中，他抽取了狗的腦脊髓液和血液，接著，又把這些腦脊髓液和血液注射到另外一條正常狗的腦室中。這時他發現這隻正常狗睡意大增，很快便鼾然入睡，持續了數小時。根據這個實驗，佩倫大膽提出，被剝奪睡眠的狗，由於牠要睡覺，體內便產生了大量使狗睡眠的物質，他把這種物質叫做「睡眠因子」。

後來又有人重複了他的實驗，證實了他的結論。然而，那時由於實驗技術上的困難，所謂「睡眠因子」長期沒有從腦脊髓液和血液中提取出來，因此，究竟有沒有這種物質也有人開始懷疑了。

到了20世紀60年代，由於科學的發展，實驗方法的改進，不少學者對佩倫的實驗又發生了興趣，合力提取那種「睡眠因子」，有人從1967年開始研究，經過三年時間的艱苦努力，終於從被剝奪睡眠的山羊腦脊髓液中提得「睡眠因子」，進一步證明此物質可使貓、兔、大鼠等多種動物產生睡眠。還查明「睡眠因子」是一種肽類，即由氨基酸組成的物質，分子量在350～500之間，它不只存在於腦脊髓液中，在大腦皮層、腦實質中也有。透過實驗發現，它對人也有催眠作用，可維持2～12小時睡眠時間。這一發現震撼了全世界。

1974年，日本學者長崎和內菌耕二等人，用700隻大老鼠做實驗，剝奪這些大老鼠的睡眠達24小時，

並從其大腦中提取了另一種促進睡眠的物質，給其他動物注射，可使那些動物夜間活動量減少，使睡眠量延長，作用可維持 24 小時。這也是一種肽類，科學家稱之為「睡眠促進物質」。

近年來，科學家們至少已提取了 3 種「睡眠肽」，這些睡眠肽在動物的腦脊髓液、大腦皮層、腦幹中含量較多。動物被剝奪睡眠後，睡眠肽的濃度猛增，導致想入睡。

科學家確認，人體內也和動物一樣，存在著各種「睡眠肽」。目前他們已投入提取的研究。由於睡眠肽的發現，使人們對睡眠的認識又深入一步。如果能夠人工合成這類物質，將有更深遠的實際意義。

據推算，只要幾毫克的睡眠肽，就可使成千上萬的人睡上幾小時乃至十幾小時！十分遺憾的是，目前對人體內「睡眠肽」的研究還不夠多，它們的來源、分佈、作用及幾種「睡眠肽」之間的關係還不清楚。

人在睡覺後
為什麼會醒來

　　由於睡眠肽的發現，促使人們提出了這個更為有趣的問題，期待科學家們解答。有的科學家已在動物體內發現一種「興奮物質」，它可使動物出現長時間的興奮行為，有人還提純了這種「興奮物質」。還有人從動物體內提出另一種「清醒因子」。

　　產生睡眠是「睡眠肽」的作用，而醒來則可能是「興奮物質」或「清醒因子」作用的結果。人類也是如此嗎？目前尚未得到確切的答案。但是，相信科學的發展，一定會揭開「睡」和「醒」之謎的。

人為什麼越睡越懶

　　睡眠時，人的大腦皮層處於抑制狀態，高級神經系統和整個身體都會發生深刻的變化。

　　此時，除了眼睛和「封鎖」膀胱、直腸的環狀肌以外，全身的肌肉都處於鬆弛狀態；心臟的搏動微弱緩慢，間歇時間也較長；血管中的血流速度減慢，血壓降低，這就使人的生理活動過程降低，新陳代謝減弱，從而給疲勞後的身體提供重新獲得功能恢復的可能性。

　　但是，睡眠時間也要適量。長時間的睡眠，會使人大腦中負責睡眠的那個部分負擔過重。一個人如果三天不活動，就會使力量減少5%，長時間降低人的

生理活動和新陳代謝的結果，不但疲勞後的身體得不到充分的恢復，相反的還會使人感到昏昏沉沉，四肢乏力。所以，睡眠如同飲食一樣不宜過量，不能貪睡，否則，將適得其反。

為什麼說
夢與生命攸關

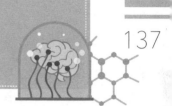

　　夢是最奇異、最迷人的境界。一場美夢，醒來時餘味無窮，令人神往；一場噩夢，驚醒後卻讓人毛骨悚然。美夢、噩夢，我們都曾有過。但你可知道，在你度過的歲月裡有多少次曾步入夢鄉？你是否曾經從夢幻中得到過靈感？你可曾想過，夢與生命攸關？

　　一個在世上活 70 歲的人，花在睡眠上的時間大約是 23 年。在這 23 年總的睡眠時間裡，就有 3 年多的時間是在夢境中度過的。夢，它足足佔去了你一生的二十分之一的時光，只要睡著了，夢即隨之而來！不管你是否感覺到，科學已完全肯定了這一點。

　　生理學的最新研究顯示：整個睡眠過程由兩種類型的睡眠組成。剛剛入睡時是淺睡眠，此時透過腦波掃描出的波形是緩慢的。之後，腦波逐漸加快而進入深睡眠，深睡眠時腦垂體開始分泌生長激素進入血液，促進了肌肉和其他組織器官細胞的更新。

　　從淺睡眠到深睡眠的過程稱為「慢波睡眠」或「正常睡眠」，這個過程大約延續1個小時。爾後，眼球開始移動，脈搏和呼吸頻率加快或變得沒有規律，夢來了！這時通過腦的血流大大加快，腦波也達到快速的頂峰。

　　入夢鄉的過程稱為「快波睡眠」或「逆睡眠」，這個過程大約延續10分鐘。逆睡眠後又轉入正常睡眠，每天晚上，這兩種類型的睡眠反覆交替約5次，因而一個人每晚進入夢境也有5次之多。

　　如果你在逆睡眠階段醒來，也就是剛剛從夢鄉中返回到醒覺狀態，那這一次夢中的經過仍歷歷在目，使你感到方才做了一場夢。如果你在正常睡眠階段醒

來，在逆睡眠中做的夢則毫無記憶，使你覺得一夜酣睡，好像沒做過什麼夢似的。

愛丁堡大學最近的研究發現，在這 10 分鐘的奇妙夢幻中，大腦處於興奮狀態，看來似乎得不到休息，但人們非常需要這種「狀態」。因為，逆睡眠時，腦內部產生了極活躍的化學反應，腦細胞的蛋白質合成和更新達到高峰，迅速流過的血液帶來氧和養料並把廢物運走，這就使得本身不能更換的腦細胞有機會迅速更新其蛋白質成分，準備來日投入緊張的活動。

當大腦需要這種特殊更新時，逆睡眠階段也會相應的增長，但有一定的限度。如果每天晚上你都處在正常睡眠階段酣睡，那你將會因腦細胞中的蛋白質得不到更新而長眠不醒。所以說夢與生命攸關，這一點也不過分。

有的人南柯一夢影響到他的前程。作曲家詹‧塔季尼在夢鄉中把自己的小提琴奉獻給魔鬼，魔鬼用小提琴奏出了美妙絕倫的旋律。塔季尼在驚異讚歎的

情況下醒來，記下了夢中魔鬼奏出的旋律，這就成了塔季尼的名作《魔鬼之歌》。

著名哲學家羅素常常說：「當我撰寫時，每夜都在夢中整頁整頁的朗讀我的新作。我不知道是否就在夢中產生新思想或把舊思想更新！」

橡膠硫化法的發明者克・古德伊爾在夢中遇到一個陌生人，他建議古德伊爾在橡膠中加入硫黃，一夢使古德伊爾成功地解決了橡膠的硫化問題。哀・維納由於夢境的靈感，使他創立了「配位」化學。

羅扎諾夫在夢中找到了他在長期研究中找不到的答案，發明了留聲機的蠟制圓筒。比・馬賽厄斯受到了夢的啟發，發明了多種超導體。班廷發現胰島素；利維發現從神經向肌肉傳導刺激的原理，他們也都是在夢境中獲得思想啟發的。

劍橋大學的哈欽森教授徵詢了許多科學家，有70%的人的回答是：在創造性活動中，夢境給予靈感。諾貝爾獎金獲得者馮謝特・果爾格伊說得很有意思：

「當我清晨三、四點鐘醒來時，在床上或在夢中，大腦做了許多潛意識的工作，正是透過這種途徑解決了我的很多問題。」所以，英國杜克大學發明創造才能研究班的教學大綱上，明文鼓勵學生和學者「有時可以拋開實驗室到大自然的懷抱裡漫步，或甚至索性丟下自己的技術課而上床睡覺……」這看來是很有科學道理的！

必須指出的是，夢雖與創造發明有關，但是，如果沒有平時的思考和經驗累積，這種奇蹟是不會來臨的！況且，夢有美醜，誰也保證不了每個夢都是迷人的。好在願入夢鄉者不花旅費，人人每天晚上都有機會，這是睡眠中必不可少的境界。

人的自然壽
命應該是多少

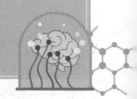

　　科學家們在對動物，特別是哺乳動物的壽命作了
大量的統計分析之後，提出了「壽命係數」的理論。
認為：動物的自然壽命是其生長發育期的5～6倍。
例如：貓的生長發育期為1年半，平均壽命8～12年；

　　羊的生長發育期為2年，平均壽命為10～15年；

　　牛的生長發育期為4年，平均壽命為20～30年；

　　象的生長發育期較長，為25年，其平均壽命為
150年。按照這個理論推算，人的生長發育期為25年，
自然壽限應為125～175歲。

　　還有一種理論認為，哺乳動物的最高壽命是其性

成熟的 8～10 倍，人的性成熟期按 14～15 年計算，
自然壽限應為 110～150 歲。照這樣說，長命百歲是
可能的。

為什麼愛好舞蹈
有益於健康

　　在中國歷史上，曾經把舞蹈活動作為養生、長壽
的方式之一。如華佗的「五禽戲」，其中的「戲」就
有舞蹈的內容。與華佗同時代的傅毅，在他寫的《舞
賦》中，就曾說舞蹈是「娛神遺老，永年之術」。在
中國古代一些醫生的綜合療法中，也重視透過音樂、
舞蹈，輔助藥物和針刺，以治療情緒憂鬱的病人，收
到一定的療效。

　　舞蹈之所以有益於健康，在於它不僅是一種娛樂
活動，還是一種全身性的肢體運動，而且是在一種愉
快情緒支配下的運動，因此，能夠達到鍛鍊身體、增

進健康的作用。

　　有些舞蹈是從民間武術發展而來的，有一定的醫療鍛鍊的性質，有些舞蹈則可直接作為治病的方法。這是因為舞蹈的節奏具有調節人體節奏的作用。人體有種種週期節奏，最常見的如心跳、呼吸、胃腸蠕動、細胞分裂、能量代謝，等等。正常的生物節奏，都有穩定的週期，各種生物節奏之間構成同步的或協調的關係。人體內的許多週期節律，可以說是自然界的變化在人體內的反映。人體內的各個節律之間以及大自然節律之間必須協調和諧，這是維持人體健康的條件之一，一旦喪失或破壞這種協調關係，就會生病。人體的種種生物節律，需要經常進行調節，使之互相配合，切勿使之紊亂。而音樂的旋律和舞蹈的節奏，就有著調節人體節律的作用。

　　當然，做任何事情都必須適度，過分則會得到相反的結果。舞蹈活動也是這樣，如果不講求節奏、不顧身體疲勞程度和不分別疾病性質的狂舞亂跳，不僅

不利於身心健康，而且是有害的，這也應該引起注意。為什麼書法家、畫家多長壽古代書畫家的壽命比一般人長，像顏、柳、歐、趙四大家，都活了8、90歲。明朝的大畫家、書法家文征明活到90歲。現代書畫家也這樣，壽年在90歲以上的，有齊白石、何香凝等；在80歲以上的書畫家就更多了。

為什麼擅書能畫者長壽的多呢？

　　原來，繪畫、書法藝術和氣功、太極拳有相似的地方，那就是「靜中求動，形神合一」。氣功強調「心靜體鬆，以意引氣」；太極拳主張「似剛非剛，似柔非柔，剛柔相濟」。這些要領和繪畫、書法的姿勢、筆法很接近。

　　畫家作畫時，書法家書寫時，精神集中，目不旁視。各種專心致志的方法，如同練氣功、打太極拳一樣，能夠使神經系統的興奮和抑制得到平衡，四肢的肌肉、關節得到鍛鍊，內臟器官的功能得到調整，使新陳代謝旺盛，抵抗力增強，能有效的預防疾病，延

緩衰老的過程。

　　繪畫、書法是一種腦力和體力相結合的勞動。畫家為了把畫繪好，多半採用站立姿勢，懸肘懸腕，臂開足穩，不但用指力和腕力，而且用臂力和腰力，甚至全身用力，書法家書寫時也大體相仿。這對身體鍛鍊大有好處。

　　繪畫和書法還是一種高尚的藝術情趣，它能調劑人們的精神生活。像山水畫的秀麗景色，人物畫的動作表情，花鳥畫的多姿多態，漫畫的諷刺幽默，都給予人豐富的美的享受。

　　書法藝術，字體流派不一，有的以功見長，有的以氣殺人，有的雄渾豪放，有的端莊秀麗。各種獨特的藝術風格，好像把人帶到另一個境界，它使人感到心曠神怡。

　　繪畫、書法還能抒發感情，寄托希望，在精神憂悶時畫幅畫，或揮毫作書，猶如把滿腔心事對人傾吐一樣，頓覺輕鬆愉快。

人為什麼會未老先衰

「未老先衰」就是年齡不大，人已衰老了。常用來形容某些人沒有朝氣，缺乏青春活力。

人由出生、發育到衰老，是一個自然規律，誰也不可能「長生不老」。但是，人的自然衰老並不可怕，可怕的是得了衰老症，醫學上叫「老化失調症」。自從 1886 年醫學史上第一次發現這類罕見的疾病以來，國內外已發現 60 多個這樣的病例。

據國外文獻報告，1975 年在美國誕生了一個女嬰，取名彭尼‧范帝尼，體重 4 公斤，與一般嬰兒一樣嬌小可愛，但後來她竟「未老先衰」。剛滿週歲時，她已像一位 20 歲的女子了，兩歲時說起話來老

氣橫秋，好似 40 開外的成年人；到了第三年，頭髮開始灰白，像位年逾花甲的老人，4 歲左右就已經像八旬的矮老太婆，步履蹣跚。

1979 年 12 月，這位不滿 5 週歲的「小老太婆」已猶如九旬老婦，皺紋滿面，老態龍鍾，體重只有 4 公斤，因患水痘去世。她生命的老化速度一年等於平常人的 15 ～ 20 年。

中國四川省也有這樣的病人。「老頭」名叫劉昌榮，1970 年 4 月 21 日生於瀘州市沙彎鄉。劉昌榮從半歲時開始出現面部皮膚鬆弛，並延及臀部、軀幹和四肢，面容漸呈老人貌。

10 歲左右，衰老加劇，主要表現為發育營養差，出現老人音調，全身皮膚鬆弛，皮下脂肪少，淺表靜脈顯露，毛髮稀疏，下頜顯著短小，下門齒互相交錯，四肢關節較大，兩側腹股溝有可變性斜疝。經住院觀察，發現他活動基本正常；神志清楚，可數 100 個以上數字，識字少許，能寫字；每次進餐 100 克左右。

　　為什麼有的人會出現「未老先衰」呢？經過幾十年的探索研究，20 世紀 70 年代，加拿大多倫多大學的克拉普教授用原子吸收光譜的辦法，分析了 8 名健康人和 16 名過早衰老者的大腦。結果發現，過早衰老者的腦神經元裡含有大量的金屬鋁元素，其數量竟相當於健康人的 4 倍。並發現先衰老的腦神經元還有許多纏在一起的「纏結」，與健康人的神經元大不相同。

　　1981 年，美國科學家庇爾和布洛迪採用掃瞄電子顯微法，輔之以 X 射線光譜測定，對老年人和過早衰老者的腦「海馬」神經元進行了分析，再次證實，這些人的神經元「纏結」裡含有大量的鋁元素。

　　另據日本名古屋大學生命化學教授八木國夫研究認為：人體中的「脂褐質」迅速增多，並含有毒素，會刺激人體細胞，使之加速分裂和老化。一般人一生中細胞分裂約 50 次，平均 2.4 年分裂一次，分裂到 30 次左右才呈衰老現象。

　　患有衰老症的人，體內細胞分裂的期限大大縮短，可能每隔幾天就分裂一次。在正常人身上幾十年所發生的變化，在彭尼、劉昌榮身上由於「脂褐質」干擾了細胞的正常功能，促使細胞分裂期大為縮短，只要兩、三年就完成了。

　　最近，一些專家和學者特別強調免疫功能對衰老所起的作用。有人認為，人體有一種物質叫胸腺素，它與衰老有很大的關係。

　　也有人從動物實驗中證明，如果體內缺少一種叫維生素 E 的物質，則會引起男性的睪丸萎縮、精子消失、腿肌枯萎以至行走困難，也會明顯促其衰老。

　　以上這些實驗和見解對研究「未老先衰」有一定的啟示，但尚不能闡明其機理。不過，可以肯定，環境、營養、運動、情緒以及衛生等因素，對「未老先衰」有著重大影響。

人體的生理時鐘

153

　　生理節律是生命的一種基本特性。科學家把那種與地球 24 小時自轉一圈（晝夜交替）緊密相關的新陳代謝、內分泌、睡眠和活動的生理節律稱之為「晝夜節律」。這種週期性變化除表現在「晝夜」以外，還存在著年節律、季節律、月節律和周節律現象，在動植物界中普遍存在，因此具有共同點。例如，有遺傳來源；有種族特性，各種屬之間（人、鼠、植物……）存在著明顯的個體差異；即使無時間指示，仍能保持著原來週期性活動規律；受外界環境的影響，但不隨外界環境的改變而消失。

　　生物體內推動和調節生理節律的機構就是時間結

構。目前，對晝夜節律結構已定位到器官和組織水平。例如，在麻雀和雞的松果體、蟑螂的嚥下神經節、海兔的雙眼和腹神經節均已發現晝夜節律的起搏點。

　　高等脊柱動物的下丘腦前端視交叉上核、松果體、腦下垂體和腎上腺這 4 個部位的功能如同「生物鐘」或「主振動子」，既是晝夜節律的起搏點和定調者，又使身體的各種晝夜生理節律，如新陳代謝、體溫、血壓等保持同步，維持規律性的變化。蘇聯科學家根據研究數據，設想一晝夜人體功能，亦即一天 24 小時的「生物時鐘」的表現為：

　　一時（01：00）：大多數人已睡了 3 小時，開始進入淺睡的階段，對痛特別敏感。

　　二時（02：00）：除肝外，體內的大部分器官工作節律極慢。肝利用這段安靜時間，加緊生產人體所需物質，首先是產生可把一切有毒物質排出體外的東西，這時人體彷彿是在「大掃除」。

　　三時（03：00）：全身休息，肌肉完全放鬆。這

時血壓低，脈搏和呼吸次數少。

四時（04：00）：血壓更低，胸部供血量最少，不少人在這時死亡。全身器官工作節律慢，但聽覺卻很靈敏，稍有聲響就會醒來。

五時（05：00）：腎不分泌。人已經歷淺睡和做夢及不做夢的深睡幾個睡眠階段。此時起床，很快會精神飽滿。

六時（06：00）：血壓升高，心跳加快。即使想睡，也睡不安穩。

七時（07：00）：人體的免疫功能特別強，此時對病毒和致病菌抵抗力最強。

八時（08：00）：肝內毒性物質全部排泄，此時絕對不要喝酒，因為會給肝帶來很大負擔。

九時（09：00）：精神活性提高，痛感減弱，心臟開足馬力工作。

十時（10：00）：精力充沛，此時處於最佳運動狀態，這是最好的工作時間。

十一時（11：00）：心臟照樣努力工作，人體不易感到疲勞。

十二時（12：00）：全身總動員時刻。此時，最好不要馬上吃午飯，而是把它延後到十三時。

十三時（13：00）：肝臟休息，有部分糖類進入血液。上半天的最佳工作時間即將過去，感到疲倦，需要休息。

十四時（14：00）：這是一天24小時中的第二最低點，反應遲鈍。

十五時（15：00）：情況開始好轉。人體器官此時最為敏感，特別是嗅覺和味覺。工作能力逐漸恢復。

十六時（16：00）：血液中的糖分增加，或稱為飯後糖尿症，但不會造成疾病，因為血糖量迅速下降。

十七時（17：00）：工作效率更高。運動員的訓練量可加倍。

十八時（18：00）：痛感重新減弱。神經活動減少。

十九時（19：00）：血壓增高；精神最不穩定，

任何小事都會引起口角。

二十時（20：00）：體重最重，反應異常迅速。司機此時駕車很少出車禍。

二十一時（21：00）：神經活動正常，此時最適於學生背誦，晚間記憶力增強，可以記住不少白天沒有記住的東西。

二十二時（22：00）：血液內白血球增加，每立方毫米從 5000、8000 增至 12000，體溫下降。

二十三時（23：00）：人體休息，繼續恢復細胞的工作。

二十四時（24：00）：一晝夜中的最後一點鐘。如 22：00 時就寢，應已進入夢鄉。

應該指出，環境時間與細胞、液體和神經的晝夜週期、年週期以及其他週期是不一樣的，有關「生物時鐘」和時鐘、日曆的週期有一致進程的假說，有人認為是錯誤的，但上述設想也不無科學依據。

我們應該充分利用一天中生理功能最旺盛的時間

去工作和學習，以便能收到更好的效益。一個完整的生命體猶如一支大型樂隊，既有各自彈、拉、敲、打、吹，又都服從統一的主旋節律，才能共同奏出一部雄壯、美妙的大型交響樂；而生物體的各個系統、器官、細胞的生理、生化、形態等各自存在其生命活動的節律，維持機體內環境的相對穩定，又與外界環境保持適應，從而合奏出日復一日的生命凱歌。音樂如沒有節律就只有音符，人只有有生理節律的存在，生命才能得以維持。

人體的季節節律

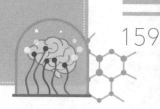

　　人和動物的身體也存在生理、生化和形態方面的季節律性變化。

　　對冬眠和非冬眠動物以及人進行詳細觀察和比較,結果顯示,在體溫、體重、心電圖、酸鹼度、血糖、血紅蛋白、總蛋白、尿酸、肌酐酸、胰島素、血脂、三酸甘油脂、膽固醇、脂肪酸,幾種心臟和腎臟酶,心、肝、胰、脾、睪丸、卵巢和腎上腺重量,心、腎、肺組織的纖維活性、脂肪組織中的脂質組成等,以及鉀、鈉、氯、鈣等離子,都有不同程度的季節性變化節律。

　　非冬眠的動物和人的季節性節律變化不及冬眠動

物那樣顯著，而人又不如動物的變化明顯。這是因為，人實際上較不易受外界環境的不穩定因素的影響。

　　此外，如家兔和小鼠大腦皮質釋放乙醯膽鹼的量，在夏季比冬季高，這類動物實驗的例子很多。

人體的晝夜節律

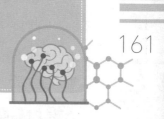

　　人的晝夜生理指數的變化，可用血壓和內分泌這兩個指標加以說明。

　　一、血壓的節律變化：1984年，Weber等用自動測壓計檢測34名志願受試者的晝夜血壓變化，在24小時中每隔2小時測量一次；每人間隔2天後又重複測量一次。結果顯示，兩次測量的平均24小時收縮壓和舒張壓的最高值與最低值無明顯差異，重現性亦良好。正常人的血壓呈現明顯的晝夜節律，且24小時變化較一致，收縮壓和舒張壓的最低值在04：00，這似乎和前面設想的「生物時鐘」在清晨04：00血壓最低，易引起死亡相符；到06：00血壓開始升高，

14：00 稍降低，人感到疲勞；16：00—17：00 血壓又升高等情況也與「生物時鐘」表現較一致。

此外，從尿檢測出的去甲腎上腺素的含量，最低值在夜間 23：00—03：00；最高值在 15：00—17：00，此時的血壓比 03：00 時的最低值高 4.12～4.96 倍，也是血壓最穩定的時候。

二、內分泌的節律變化：對 30 名 20～26 歲男性受試者的皮質醇激素的晝夜變化進行研究的結果顯示，凌晨 05：32 皮質醇生物合成的底物累積最多，03：00 較 19：00 時要高出 2.35 倍；尿排出的皮質醇以 07：00—11：00 最高，19：00—23：00 時最低，要差 3 倍。

總之，目前各國生理學、內分泌學和臨床醫藥科研工作者已越來越多地參與正常和病態人體各種生理和生化指標的檢測，以圖通過對這些節律性資料的累積和分析，對各種代謝紊亂進行診斷或進而探索治療的對策。

人體的發病
或病理性節律

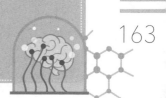

　　有些疾病在冬季發病率較高；反之，也有不少夏季常見病，因而發病也有季節律現象。晝夜的發病節律也有規律可循。根據西方學者的研究，變異型心絞痛多在 03：00—08：00 發作；而穩定型心絞痛則大多在 08：00 至午夜前出現。此外，哮喘病大多在夜間和凌晨發作，這種晝夜發病節律早已眾所周知。中醫有句名言：冬病夏治。因而，如在探明發病原因的基礎上，掌握發病的季節規律和晝夜節律的特點，再運用時間藥理學的知識，制定最佳給藥方案，就可以更有效的提高醫療品質。

發生在人體內的戰爭

　　我們的生活環境中處處都充滿著肉眼看不見的微小生命，其中有一小撮敗類、人類的敵人——病原微生物時刻伺機侵略我們的身體。身體為了對付這種隨時都可能發生的侵略行為，首先構築了一道防線——皮膚和黏膜。皮膚阻止微生物的進入，並透過皮脂腺分泌脂肪酸抑菌；黏膜透過表面上的汗毛截住微生物，並透過咳嗽等將入侵者排出體外。其次，在這些防線後面還安排一支反應迅速、配合默契、裝備精良的「現代化」衛戍部隊——免疫系統。這支衛戍部隊由分子部隊和細胞部隊組成共同擔負起「保家衛國」的重任。

　　那麼，人體裡的戰爭是怎樣發生和結束的呢？如

果我們不小心碰破了點皮，或被刺紮了一下，這時就在我們的防線上形成了一個小缺口，「敵人」立即沿著這個小缺口進入人體內。敵人一進入體內馬上被分子偵察員和巡邏員發現，並發出警報，傷口周圍組織裡的毛細血管擴張，血流變慢，便於運送戰鬥部隊。同時警報訊號立即送到駐紮在附近的兵站——淋巴結裡的指揮——淋巴細胞。

淋巴細胞發出戰鬥訊號並派出分子導航員，引導戰鬥部隊到達出事地點。第一個到達的是敢死隊——嗜中性粒細胞。嗜中性粒細胞一生非常短暫，只有幾分鐘，但它們把這「有限的一生，投入到了無限為人民服務中」，一接到戰鬥命令，立即奔赴前線，將敵人團團圍住，結果與敵人同歸於盡。傷口化膿流出的白色液體裡就漂浮著敢死隊員的屍體，英雄業績，可歌可泣。

稍晚一點到達的是行動較緩慢，但攻堅力量很強的巨噬細胞部隊。它們利用細胞內強大的酶系統消滅

殘敵，並清走戰友——嗜中性粒細胞的屍體。當戰鬥結束時，警報解除，血流加快，換纖維細胞增生，修補戰鬥造成的損失。

戰鬥的規模往往取決於入侵敵人的數量和逃避能力。當敵人比較少和「愚蠢」時，巡邏的巨噬細胞部隊即能消滅它們，但當敵人非常多而且很狡猾時，一場大規模的戰爭就迫在眉睫了。警報訊號傳遍整個衛成部隊，嗜中性粒細胞和巨噬細胞部隊圍截、追擊入侵之敵，淋巴細胞釋放淋巴素等訊號兵傳遞訊息。協調各部隊之間的行動。B淋巴細胞接到訊號後增生並製造出大量的「愛國者導彈」——抗體分子，有效的打擊敵人，並且把有關的入侵之敵的訊息儲存起來，在下一次遭受同樣敵人侵略時，能更快、更有效的消滅敵人。

衛成部隊基地——骨髓則大量培養新兵，使它們掌握一種專項技術，分別增補到嗜中性粒細胞部隊、T淋巴細胞、B淋巴細胞部隊中去，保證兵員充足。

戰鬥訊息隨時匯報最高統帥，協調各地方政府與衛戍部隊的行動，並決定是否向外發出求援訊息──到醫院看病。

我們的衛戍部隊──免疫系統不僅擔負起抵抗外來侵略的職能，而且監視著體內的退化蛻變分子和清理衰老死亡的「公民」。每時每刻都可能有一、兩個蛻變分子想背叛我們，免疫系統會隨時把它們消滅。偶爾有個把較厲害的傢伙能逃掉免疫系統和監視，並大量繁殖起來，形成癌症，這時身體就得求助於外援藥物的治療了。

168

人體內的
疾病警報裝置

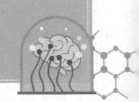

　　在日常生活中，人們借用警報裝置來及時發現各種異常情況。同樣，人體內也有許多對某些疾病特別敏感，並發出各種「警報訊號」的「裝置」，淋巴結就是其中的一種。

　　淋巴結是淋巴管上無數大小不一的形如蠶豆的肌體。在我們的頸部、腋窩、腹股溝（指大腿）等處，淋巴結最多，並集結成群。由於許多淋巴結位於人體的淺層，它的異常能輕易被人們發現，所以它對某些疾病的診斷有特殊重要的意義。

　　淋巴結為什麼能對人體的某些疾病部位發出「警

報」呢？這與它的功能有關。淋巴結的功能主要是透過淋巴管收集人體各部的淋巴回流，過濾淋巴液、消滅細菌、清除細胞殘屑和其他異物；另外淋巴系統還常成為癌轉移的通路。

當細菌異物或癌細胞通過淋巴結時，淋巴結內的細胞就和它們「作戰」。在作戰過程中，淋巴結發生的變化，就構成了「報警訊號」。正常人體淺層的淋巴結像公尺粒一樣大小，一般我們不會觸及到它們，它們質地較軟，光滑且可移動，如果淋巴結出現腫大、疼痛、壓痛、質地變硬或變軟，與周圍組織黏連，也不再像以前那樣光滑，有破潰或觸及到波動等，那麼，這些就都是「淋巴結警報」。

不同部位、不同性質的淋巴結異常有不同的意義。腫大是淋巴結異常中最常見的現象。頜下淋巴結腫大多可推出口腔、面頰、扁桃體炎症或白喉、猩紅熱及淋巴結自身病變等。耳前淋巴結腫大，常是眼瞼、頰、耳顳部發炎引起的；枕部淋巴結腫大，常常是因

為頭皮有了炎症；左側鎖骨上淋巴結腫大，多見於胃癌、肝癌、胰頭癌、胰體癌、結腸或直腸癌；右側鎖骨上淋巴結腫大，多見於支氣管肺癌、食道癌；腋下淋巴結腫大，常見原因為乳房、上肢等部位發炎。

所以，一旦淋巴結發出「警報」，我們就應當對某個部位高度警惕了。

為何我們的體溫總是保持在 37°C 左右

　　人類是一種恆溫動物，無論是冰天雪地的嚴冬還是驕陽似火的酷暑，我們的體溫總是保持在 37°C 左右。如果不是這樣，我們體內的新陳代謝便會無法正常進行，就會生病，甚至會喪失生命。

　　這是因為我們體內有一整套調整體溫的系統和器官，就如同在我們自身安裝的整套空調，不妨稱之為「體溫調節器」。

　　大腦是體溫調節器的管理司令部門。冷了，大腦便下令皮膚繃緊，毛孔拉直，血管收縮，使全身起滿「雞皮疙瘩」，目的在於使皮膚的散熱面積減少，使

172

溫熱的血液盡可能集中去保障供應心臟，少流些到皮膚表面來，與此同時，心臟加快跳動。

體內的能源 —— 糖加緊放熱，以補充失去的熱量。這也是冬天或寒冷地帶人們胃口好、能源消耗較多的重要原因。

假如身體繼續冷下去，我們人體最明顯的禦寒方法就讓肌肉運動，如全身發抖、牙齒打架，這樣可使身體的熱量較平時增加 4 倍。

反之，如果外界氣溫高，就會讓全身血管擴張，使汗腺全部開放，進而使皮膚流出汗液來。在炎熱的夏天，人體內 90% 的熱量是被汗珠一點一滴帶走的。

胃為什麼
不會消化自己

173

胃，是我們重要的消化器官。我們吃的東西，必須經過胃的消化和小腸的吸收，才能變成身體可利用的物質，我們才能顯得生機勃勃，精神十足。

生物學家曾做了這樣一個實驗：把胃內液體注入其他體腔，比如胸腔、腹腔、關節腔，結果發現這些體腔很快就會產生嚴重的炎症並壞死。

原來，胃液的主要成分是鹽酸和各種胃蛋白酶。胃液中的氫離子濃度高出血液三四百萬倍，而鹽酸又是腐蝕性非常強的液體；胃液中的各種蛋白酶對各種組織和細胞也有很強的破壞作用。

那麼，胃為什麼不會消化自己？遠在100多年前，法國的著名生理學家克勞·伯納就曾提出過這個問題。這在很長時間一直是一個謎。近年來，科學家們發現，胃細胞能合成和分泌一種稱為「細胞保護因子」的物質，正是這些特殊物質的作用，我們的胃才不會消化掉自己。

最先發現的細胞保護因子是前列腺素。前列腺素是一族大多數由20個碳原子的不飽和氧化脂肪酸組成的活性物質，最早在精液中發現，因為來自前列腺而得名。但這卻是個誤稱，因為後來發現前列腺分泌的液體中所含的前列腺素並不多，而主要是來自精囊液。

現在知道，前列腺素是一種普遍存在於各種組織中的局部活性物質，它們對胃腸道黏膜、胰腺內外分泌組織、肝細胞都有明顯的細胞保護作用。

除了前列腺素外，一些胃腸激素也具有細胞保護作用。近年來證明，胃腸道能分泌許多肽類激素，這

些物質除了調節胃腸道各器官的分泌、運動、吸收等
功能外，還有細胞保護作用。

例如，注射上皮生長因子或降鈣素基因相關肽可
防止急性胃黏膜損傷；側腦室注射神經降壓素、蛙皮
素或降鈣素，可顯著的減輕實驗性應激性胃損傷。

除了被消化，我們的胃還面臨著許多其他的危
險。人類是雜食性動物，攝入的食物種類繁多且性狀
不一，酸甜苦辣、冷葷熱素無所不包。這些食物的溫
度和酸鹼度的變化非常大，對胃構成很大威脅。

正常情況下，由於有細胞保護因子的護衛，我們
的胃能夠堅強的抵制這些威脅。但是，天有不測風雲，
細胞保護因子的作用並不是萬能的，超出其負荷也將
無能為力。我們還要注意飲食衛生，切忌為飽一時之
口福而使肚子受害匪淺。

為什麼
有人頭上會長角

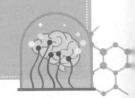

　　在自然界中，只有部分動物才長角。牠們大多是有蹄類動物如鹿、牛、羊、犀牛等。其他動物一般不長角。角是動物在長期進化過程中，為適應環境爭取生存而形成具有進攻和防禦作用的器官。

　　另外，自然界中本來不應長角的動物卻長出了角的事例，也是屢見不鮮的。公元前 168 年，江蘇某地有匹馬頭上長角，生長部位在馬耳前方，直而不彎。公元前 7 年，漢成帝馬廄中的一匹大馬，在左耳前方也長出約 7 公分的角來。此外還有狗長角的記載。

　　至於人的頭上長角，不但《漢書》上有記載，而

且在較近的醫書上也有記載。公元前 156 年，山東膠東地區，有一位 70 多歲的老人，頭上長角，角上有毛。這是中國對頭上長角的最早記載。新中國成立前，在東北曾發現過一位長角的男子。他 3 歲時頭的右側開始長出一支角來，後來脫落，但仍留下 6 公分長的角根，底部直徑 3 公分，呈紅色。

到 40 歲時，在他頭後的左側又長出一隻角來；到 75 歲時竟長到 26 公分長，而且角底周圍變粗，周長達 18 公分，暗紅色，略呈 S 形彎曲，狀如牛角。1980 年，河北省交河縣一位 88 歲的婦女頭上長出兩隻角，長約 6.6 公分……

頭上長角，在國外也有發現。1844 年，美國的威爾遜公佈了人頭長角 90 例。1889 年，美國學者哈靈根作了一次統計：在 12 萬名美國人中，頭上長角約有 42 例。人體長角，一般以單生的多，兩個以上的少。但是，國外 1917 年報導的一位 21 歲的朝鮮青年，除胸部外，全身皮膚都長滿大小不一的角，數目至少在

1600 支，這是世界上長角最多的一例。

　　人的頭上或身上長角，這是怎麼回事呢？

　　有人認為，這是遺傳導致的返祖現象。其實這種解釋是不對的。長角與毛孩的返祖現象並不是同一回事。我們的祖先——猿類長有體毛，但並不長角。人的頭上長角是人的頭部皮膚過度角化現象，醫學上叫皮角。皮角主要分佈於暴露部位，多見於常受日光曝曬的老年人。當頭皮某一部分受到強烈刺激而產生過度角化，而角化層又不斷的累積，日積月累後就形成了皮角。

　　根據醫學科學研究分析，人類長角屬於異常生理變態，即病態現象，它引起上皮細胞腫脹、增生、角化。金元時代的名醫朱丹溪說：嗜酒食美所致；光緒時代的江南名醫陸定圃則認為：未必。有學者認為，這和身體內遺傳物質的變異有關。從以上例子來看，頭上長角多屬老人，甚至長壽者，而老年人一般會發生某些細胞組織的變異反應，這種變異和人體遺傳密

碼發生紊亂有一定內在聯繫。

　　但不少病例說明，角多發生於受壓迫和受損的皮膚上面。一些皮脂囊腫、疣、疤痕上也會長角。至於具體可靠的原因究竟是什麼，目前尚無一致、確切的意見，有待學者做進一步的研究。

為什麼望梅能止渴

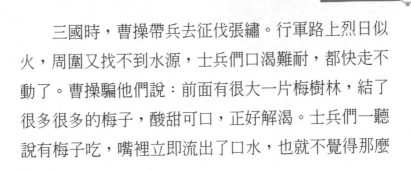

　　三國時，曹操帶兵去征伐張繡。行軍路上烈日似火，周圍又找不到水源，士兵們口渴難耐，都快走不動了。曹操騙他們說：前面有很大一片梅樹林，結了很多很多的梅子，酸甜可口，正好解渴。士兵們一聽說有梅子吃，嘴裡立即流出了口水，也就不覺得那麼渴了。

　　後來人們就用「望梅止渴」這一成語比喻願望無法實現，只好用空想來安慰自己。但是，就這個故事來說，曹操確實是個聰明機靈、懂得心理學的人，因為「望梅」確實能夠暫時「止渴」，這究竟為什麼呢？

　　「望梅止渴」是一個複雜的高級神經活動過程，

是條件反射的結果。盛夏時節，人們往往喜愛吃一些帶酸味的食物或飲料藉以解熱消暑，就是這個道理。因此，「望梅止渴」確含有一定的科學道理。

但是，「望梅」只能是一種自我安慰的「緩兵之計」，並不能真正使人「止渴」的。

故事中說的梅，是指中國南方的一種果樹。多產於長江以南的江蘇、浙江、福建等省。梅在寒時開花，熱時結果。梅樹的果實——梅子，含有豐富的有機酸，如酒石酸、單寧酸、蘋果酸等，因而味道很酸。

未熟的小青梅中還含有苦味酸、氰酸，更是酸中帶苦，即使成熟了的梅子，所含的酸經過糖化、分解了，還是比一般的水果酸得多。

凡是吃過梅子的人，都知道它又甜又酸（含總糖 $2.7\%\sim 4.6\%$，含總酸 $0.6\%\sim 1.1\%$），可以生津止渴，清暑解熱。多年來在人的大腦皮層中留下的這一印象，相當深刻，所以一聽到、想到梅子，由於條件反射作用，往往會「饞涎欲滴」，流出口水。

　　巴甫洛夫的「條件反射」學說告訴我們，人的唾液分泌有非條件反射性的和條件反射性的兩種。非條件反射是動物的本能，如吃進食物尤其是酸和美味可口的食物就分泌唾液，它與神經聯繫是固定的。而條件反射則是動物適應環境、在非條件反射的基礎上建立起來的。

　　由於梅子的酸甜給人留下的印象和記憶是較深刻的，刺激反覆多次，形成了一種條件反射。尤其是進食酸類食物時，唾液腺就會分泌很多稀薄的唾液來中和，以避免刺激，保存體內的水分。

　　而人和其他動物的根本不同之一是具有語言，語言同樣可以引起條件反射。所以，每當人們一看到梅子的形狀、嗅到梅子的氣味，甚至聽到、想到梅子，大腦皮層就會興奮，再下傳到唾液分泌中樞引起興奮，進而使唾液腺興奮，引起分泌增多，這時乾渴難熬的口腔會頓時得到唾液的潤濕，口渴感也隨之減輕了。

疾病究竟對人體
有什麼影響

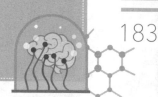

　　生病，當然不是件令人愉快的事，但只要能夠正確對待，也可變壞事為好事。例如，經歷過病痛的折磨，可以給人敲響警鐘，使人們重視和加強對疾病的預防；與疾病搏鬥的過程中，還可以鍛鍊人的堅強意志，增強人們對付厄運的能力。

　　美國研究醫學心理學的專家賈米森曾對 47 名成就斐然的藝術家和作家進行調查，結果發現其中 38% 的人罹患過精神病，他們的創造才能與狂躁或抑鬱型精神病有密切的關係。

　　目前，在國外還有人從事以病治病的研究。美國

加利福尼亞大學的學者發現，罹患急性白血病的人若得了病毒性肝炎，治好肝炎之後，白血病也可獲得好轉；患有精神分裂症的人，一旦再患有其他嚴重的身體疾病，獲救以後，原有的精神病會奇蹟般的消失。現在，這種現象的原理尚未完全釐清，正在進行更深入的研究。

為什麼會出現水土不服現象

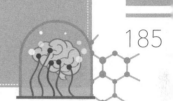

當人們遠離家門，初到一個陌生的地方時，身體上往往有些異常感覺，不適應，這就是俗話說的「水土不服」。

如有的人到一個新的環境常拉肚子；有的則感到全身無力，或者得一些奇怪的病；個別反應重的還可能臥床不起，甚至病死他鄉。

為什麼會水土不服呢？主要是因為不同地方的水和土的性質不一樣。憑我們主觀的感覺可以發現：有的地方水清，有的地方水渾；有的水甜，有的水鹹；有的水苦澀，有的水發臭。土壤也有紅、黃、黑以及

黏土、沙土等差別。這些表觀的不同往往預示了它們對於人體健康的不同影響。

中國古代醫學家很注意地理環境，以及生活習慣與人體健康的關係。明代李時珍說：「江河之水濁，而溪澗之水清，復有不同焉。觀濁水、流水之魚與清水、止水之魚性色迥別，淬劍、染帛，色各不同，煮粥、烹茶，味亦有異，則其入藥豈可無辨乎？」

還有「凡瀑湧漱湍之水，飲之令人有頸疾，」「沙河中水飲之令人。」「兩山夾水，其人多癭（癭即現今所說的大脖子病）。」這都說明水土與健康是密切相關的。近代環境地質調查證明，各地水土中化學元素的成分和含量是不一樣的，而各種微量元素對於人體健康的作用又很不相同，這就是造成水土不服的客觀原因。

另外，由於地質和地球化學作用的結果，化學元素在自然環境中的分佈很不均勻，有的地方某些元素過剩，而有的地方有些元素又相對缺乏。這種過剩或

缺乏不僅表現在水土上，而且在當地生產的糧食和蔬菜中也反映出來。

　　如果人們比較長期的生活在一個地區，他們的生理機能對所在環境就比較適應；如一旦換了新的環境，由於身體對改變了的外界條件有一個逐步調整適應的過程，所以開始時往往會產生水土不服的感覺和症狀。

　　當然，並不是每個人都會出現水土不服的現象，因為反應的輕重在很大程度上還與各人的體質和生理條件有關。

為什麼有的人會貧血

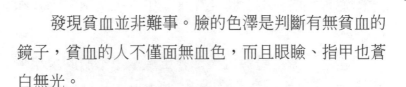

　　發現貧血並非難事。臉的色澤是判斷有無貧血的鏡子，貧血的人不僅面無血色，而且眼瞼、指甲也蒼白無光。

　　此外，多數人還有程度不同的表現，像無力、易倦、頭暈、耳鳴、心慌、健忘、食慾減退、浮腫、毛髮枯黃，等等。當然，貧血的診斷最後需要化驗血來確定。一般血色素低於10克以下，紅血球少於400萬，便可稱為貧血。

　　早在20世紀50年代，就有人指出，無原因的貧血是不存在的。因此，一旦發現貧血，就應該認真尋找病因，然後才能進行有效的防治。

　　引起貧血的原因很多，目前已知各種感染、癌症、免疫性疾病、腎臟病、胃腸病、內分泌病以及藥物等因素都會引起貧血。感染是引起貧血最常見的原因。

　　據統計，約有 40％的嚴重感染性疾病可合併貧血，其中包括傳染性肝炎、結核病、肺部化膿性疾病、骨髓炎、骨盆腔炎、腦膜炎。

　　近些年來，由於肝炎的普遍流行，肝炎引起貧血的例子已屢見不鮮。肝硬化、肝癌或肝壞死也可因肝功能障礙而產生貧血。另一類病因是各種惡性腫瘤。腫瘤常因出血、繼發性感染、阻礙營養吸收、破壞造血器官等途徑造成貧血，常見之胃癌、直腸癌、子宮頸癌、肺癌、甲狀腺癌、乳腺癌、腎癌和前列腺癌、白血病、淋巴瘤等。腸胃病也是產生貧血的主要原因之一。據分析，近 1/3 的胃切除病人會發生貧血，是由於鐵和維生素 B12 的吸收受到嚴重影響的結果。

　　腎臟病與貧血之間也有密切的關係。研究證實，在腫瘤、先天性多囊腎、腎積水、慢性腎炎等疾病時，

紅血球生成刺激素遭到破壞，因阻礙了紅血球的生成而產生貧血。

隨著醫學科技不斷發展，還發現許多內分泌疾病和結締組織病常常合併有貧血，如慢性腎上腺皮質機能減退、腦垂體機能減退、甲狀腺機能減退、類風濕性關節炎、紅斑性狼瘡等。

還需要指出的是，在某些正常生理情況下，也隱匿著釀成貧血的危險，例如，婦女每次月經所損失血液平均 90 毫升左右，其中含有製造紅血球和血色素不可缺少的原料——鐵，竟達 30 毫克之多，因此婦女從月經初潮至停經期失去的血液和鐵是相當可觀的。一旦補充不足，貧血將是難免的。

再有婦女在妊娠期，要供給胎兒近 300～500 毫克的鐵，加上分娩中流血，哺乳期間消耗增多，都是造成婦女產生貧血的主要原因。同樣嬰幼兒和兒童由於生長迅速，如偏食，營養補充供不應求時，也會引起貧血。

找到了貧血的原因之後，一面消除病因，一面改善貧血，標本兼治，防治結合，這才是解決貧血的根本途徑。

捐血會不會使人體內血液減少

　　人體內的血液占體重的 8% 左右，成年人的血量是 4000 ～ 5000 毫升，其中五分之一到五分之二的血液儲存在人體的血庫——肝、脾、肺等臟器內，平時不參加血液循環。

　　人體本身具有很強的調節功能，在正常營養情況下，失血 500 毫升以下（包括意外出血事故和捐血）不會出現什麼症狀，捐血 200 毫升，幾小時內血容量就會恢復到原來水平，各種血液細胞成分在二、三周後就可以完全恢復。

　　通常每人每次捐血量為 200 ～ 400 毫升，這只相

當於人體儲存血液的五分之一到五分之二，佔人體總
血量的二十分之一到十分之一。因此，符合捐血條件
的人，不必擔心捐血會使體內的血量減少。

O 型血真的萬能嗎

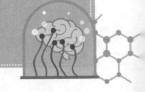

　　一些電影、電視劇以及一些文藝作品，為了表現主人翁捐血的高尚情操，常把 O 型血擺在首位：「大夫！我是 O 型血，萬能輸血者，抽我的吧！」

　　其實，這是對血型知識缺乏瞭解的表現。我們知道，血型的區分，主要是根據人類紅血球上有兩種不同的抗原物質而分為 4 種類型，即 A、B、O、AB 型，當然，還有其他特殊血型。人們通常稱 O 型血為「萬能血」，是因為它沒有 A 和 B 抗原物質，可以代替其他型給人輸入。

　　隨著醫學科技的發展，血型的奧祕不斷被揭示。實驗證明：人類的血型是很複雜的。雖然抗原是決定

血型的重要物質，但不僅紅血球有多種血型抗原，白血球、血小板甚至血清蛋白等都有不同的類型。

　　Ｏ型血的人紅血球雖然沒有Ａ和Ｂ抗原，但血清中有抗Ａ、抗Ｂ抗體，如果把Ｏ型血輸給Ａ型血患者，輸入的紅血球可不遭到破壞，但血漿中的抗Ａ抗體可與患者紅血球上的Ａ抗原發生凝集，而導致輸血反應，如果體內輸入Ｏ型血過多，同樣會出現生命危險。現在，

　　臨床搶救的原則是同型相輸，而不用Ｏ型血代替了。請切記：Ｏ型血並非萬能。

人體健康會受
太陽和月亮的影響

　　隨著空間科學技術的發展，從 20 世紀 50 年代中期以來，太陽、月亮和人體健康之間的關係已成為科技工作者的研究課題。

　　眾所周知，太陽在天文學上被稱為恆星。所謂恆星，應該是永恆不變的星。然而，太陽和其他眾多的恆星一樣，不但恆中有變，而且變化萬千。太陽黑子就是太陽恆中有變的例證。太陽黑子是經常在光彩奪目的日面上出現的一種現象。透過對太陽黑子的觀察得知，它的數目不定，從多至少，從少至多的週期約為 11 年。天文學家把黑子相對數最高的年份，叫太

陽活動高峰年；把黑子相對數最低的年份，叫太陽寧
靜年。

　　除黑子之外，太陽活動還有耀斑、譜斑和光斑，
等等。太陽上這些千姿百態的變化，與地球上的許
多現象有密切的關係。當太陽上的這些活動強烈的時
候，它的粒子輻射、X 射線輻射和紫外線輻射，就會
突然增多，進而引起地球高層大氣中電離層的狀態異
常，使得短波無線電通信受到干擾以至中斷，還會影
響衛星通訊系統的傳播方式和通訊性能。另外，太陽
活動強烈的時候，對於地球上的氣候也有較大的影
響。

太陽活動和人的健康究竟有什麼關係

　　科技工作者透過觀察和研究，發現太陽黑子多的年份，會誘發全球性的流行性感冒。例如，1173年到1979年的806年當中，曾經發生過96次全球性流感，其中半數以上是在太陽活動高峰年，其餘的也在太陽活動高峰年前後的一、兩年。除了流感之外，太陽活動高峰年還跟其他流行性傳染病有密切關係。據科技工作者統計，在蘇聯列寧格勒所發生的三次猩紅熱病，都是發生在太陽黑子劇烈增加的時候。

　　科技工作者經過研究還發現，太陽活動強烈的年份，對人的心臟、血管系統、神經系統和某些疾病，

都有一定的影響。例如，太陽活動高峰年的時候，心血管病人得格外小心，因為從許多地區的統計數字來看，在這段時間裡，心血管病突然發作或者猝死的人數，比太陽寧靜年份高得多。特別是在太陽出現大耀斑而引起強地磁暴的第一天，心血管病發作和猝死的人數就更多了，因此，有人把這一天叫做心血管病人的「致命日」。

科技工作者經過研究還發現，皮膚癌的發病率比較高的年份，都出現在太陽活動高峰年的第二年。太陽活動除了能夠導致人生病之外，還能使人的神經系統失調，像胃分泌活動減弱、對麻醉劑的反應降低和對信號的反應遲鈍，等等。因此，在太陽活動高峰年裡，交通事故和一些意外事故的次數，比太陽寧靜年份要多。

關於太陽活動影響人體健康的原因，除了太陽活動直接作用於人體的因素之外，有些學者認為還有一個原因，就是太陽活動劇烈的時候，改變了地球的磁

場，同時造成天氣反常，使得有些微生物大量繁殖，導致人生病。綜合上面所述，有些疾病的流行有可能是根據太陽活動的規律作出預測、預報，進而為醫療衛生事業服務的。

那麼，月亮又是怎樣影響人體健康的呢？這要從月亮的圓缺變化和它對地球的引潮力說起。

我們知道，月亮的盈虧是有規律的。天文學家把月亮形狀的各種變化叫做「月相」。這種變化是月亮、地球和太陽 3 個天體的相對位置不斷變化的結果。當月亮轉到太陽和地球之間的時候，它受光的半面對著太陽，而背光的半面對著地球，人們看不到月亮，這種月相叫做「新月」，這時候叫「朔」，相當於農曆的初一。

過了半個月，月亮正好轉到了隔著地球和太陽遙遙相對的位置，它整個受光的半面對著地球，於是，我們看到的是一輪皎潔的滿月，這時候叫做「望」，相當於農曆的十五或者十六。

再過半個月，它又回到了「朔」的位置。當月亮從「朔」到「望」，或者從「望」到「朔」的時候，它只有一部分受光面對著地球，這時候我們看到的就是「新月如眉」或者「殘月如鉤」；或者是半圓形的，也就是所謂「上弦」或者「下弦」。月相就是這樣週而復始不停地變化著。

除此之外，月亮的引力還能夠使地球上的海洋產生潮汐，特別是當月亮在新月或者滿月的時候，它的引力最強，產生的引潮力也最大，於是地球上的海洋就形成了大潮。

近幾年來，有些科學家經過研究發現，月亮引力對人體的影響，也能像引起海潮那樣，使人體出現生物潮，特別是在新月和滿月的時候，由於月亮的引潮力最大，會使人的頭部和胸部的電位差突然升高，使人的心理產生一些變化。例如，在新月和滿月的時候，一些人會出現失眠、睡覺不踏實，以及煩躁、愛發脾氣和好鬥等現象。

　　另外，在月亮的新月和滿月的時候，也跟太陽活動高峰年一樣，交通事故和意外事故也比平時多。因此，目前國內外都有一些科技工作者在從事這方面的研究工作。

　　現在，對太陽、月亮和人體健康之間的一些微妙關係的研究，還處在探索階段。但是，可以相信，隨著科學技術的迅速發展，它們之間的一些謎團，一定能被逐步揭開。

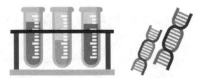

為什麼氣象
會影響人的身體

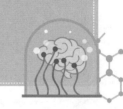

203

　　在義大利的西西里島，有一條古老的規定，對發生在西洛可風季節的犯罪行為，要從輕發落。因為在這個季節，灼熱的西洛可風吹得人頭暈目眩，煩躁不安，甚至能使人喪失理智，造成犯罪。

　　美國科學家也發現，氣溫升高時，人的攻擊行為和暴力犯罪就會增加。而天氣陰沉、陰雨綿綿，會令人情緒低落，犯罪率也會減少。由此可見，天氣對人的影響是非常大的。

　　曾有過這樣的記錄：1969 年 1 月 9 日，蘇聯列寧格勒的氣溫從零下 -40°C 驟然上升到 19°C，使冰雪

融化，一下子就有 30 多萬人同時臥病躺下。無獨有偶，1980 年 1 月間的一個夜晚，也是在列寧格勒，又有 4 萬人突然同時病倒，原因是氣溫在幾小時內突然從零下 -44°C 上升到 6°C 氣溫的突變，引起了大批的人同時病倒，這種由天氣變化引起的疾病，現代的醫學稱為氣象病。

那麼，為什麼氣象會影響人的身體呢？現代的醫療氣象家們認為，人和天氣環境本來是密切聯繫的系統，一旦天氣變化，原來與氣候保持平衡的身體就會失去平衡，人體的內環境受到外環境變化的影響，可能發生不適應的現象。雖然經過了調節物質或化學變化調節了身體機能，以適應外界的變化，如果仍不能達到要求，就會感到不舒服，並會誘發疾病。

在冷熱風活動期間，患肢痛、急性闌尾炎、腎絞痛和膽絞痛的病人數是平時的兩倍，心臟病 87% 也發生在這期間。作為抵抗疾病抗體的血液中的白血球，12 月份數量最多，而在 8 月份處於低潮。

　　有些專家認為，癌症也與氣候變化有關，子宮頸癌、肺癌的產生與較高的氣溫有關，而消化系統的腫瘤，往往在較冷的氣候下頻繁發生。當大風呼嘯時，高血壓及氣管哮喘病人急劇增加，而當濕度大時，心臟局部貧血病又會加多，雷雨時，偏頭痛的人增多。總之，隨著天氣的變化，各種氣象病就會發作。

　　對於氣象病，傳統醫學早有研究，它認為，人的疾病是由於風、暑、燥、濕、寒等氣象條件作用於人體的結果。並且對於氣象病，也有一套有效的治療方法。為了徹底瞭解氣象病的真相，醫療氣象學家們正加緊研究，以便使人類早日擺脫氣象病對人體健康的影響。

培育
文化　萬識通系列 07

月曜日：生物常識知多少！

編著　　　朱子喬
責任編輯　林秀如
美術編輯　林鈺恆

出版者　培育文化事業有限公司
信箱　yungjiuh@ms45.hinet.net
地址　新北市汐止區大同路3段194號9樓之1
電話　（02）8647-3663
傳真　（02）8674-3660
劃撥帳號　18669219
CVS代理　美璟文化有限公司
TEL／(02)27239968
FAX／(02)27239668

總經銷：永續圖書有限公司

永續圖書線上購物網
www.foreverbooks.com.tw

法律顧問　方圓法律事務所　涂成樞律師
出版日期　2018年11月

國家圖書館出版品預行編目資料

月曜日：生物常識知多少！／朱子喬編著.
-- 初版. -- 新北市：培育文化, 民107.11
面；　公分. -- (萬識通；7)
ISBN 978-986-96179-9-4(平裝)

1.生命科學 2.通俗作品

360　　　　　　　　　　　　107015881

2 2 1 - 0 3

新北市汐止區大同路三段194號9樓之1

傳真電話：（02）8647-3660
E-mail：yungjiuh@ms45.hinet.net

廣告回信

基隆郵局登記證

基隆廣字第200132號

培育

文化事業有限公司

讀者專用回函

月曜日：生物常識知多少！

培養文化育智心靈的好選擇